TIERISCHE ELEKTRIZITÄT.

VORLESUNGEN

VON

AUGUSTUS D. WALLER,
PROFESSOR DER PHYSIOLOGIE.

MIT 68 FIGUREN IM TEXT.

ÜBERSETZT VON

ESTELLE DU BOIS-REYMOND.

LEIPZIG,
VERLAG VON VEIT & COMP.
1899.

Druck von Metzger & Wittig in Leipzig.

Vorwort.

Die nachstehenden sechs Vorlesungen sind aus einer Reihe von zwölf Vorträgen über „Tierische Elektrizität“ entstanden, die im Frühling des Jahres 1897 an der Royal Institution von mir gehalten wurden.

Diese Vorlesungen haben nicht dieselbe Ausdehnung wie die Vorträge. Namentlich die fünfte und sechste behandeln Fragen, die sich vor einem nicht fachwissenschaftlich gebildeten Zuhörerkreis nicht ausführlich erörtern ließen, die aber für die weitere Erforschung des Gegenstandes von hoher Wichtigkeit sind. Der mündliche Vortrag mußte notwendigerweise stark mit elementaren Erklärungen durchsetzt werden und umfaßte auch drei Vorlesungen über die elektromotorische Thätigkeit des Herzens und über die Wirkung von Stickoxydul.

In Bezug auf die von mir angewandte Terminologie, die in gewissen Punkten von dem üblichen Sprachgebrauch abweicht, habe ich noch einige Worte vorauszuschicken. Gewöhnlich bezeichnet der Physiologe die thätige Stelle als „negativ“, obschon sie eigentlich „positiv“ ist. Der sinngemäße Gebrauch dieser und anderer davon abgeleiteter hergebrachter Ausdrücke würde zu Verwechslungen Anlaß geben. Um dies zu vermeiden, habe ich mich der Ausdrücke „zinkartig", „Zinkartigkeit" (zincative, zincativity) bedient. Um auszudrücken, daß ein ruhender Punkt positiv werden kann, habe ich die Worte „zinkfähig", „Zinkfähigkeit" (zincable, zincability) angewandt, die unter keinen Umständen für gleichbedeutend mit den Ausdrücken „erregbar", „Erregbarkeit" gehalten werden dürfen. Ein Gewebepunkt, der unter der Einwirkung der Anode steht, ist weniger erregbar und zinkfähiger. Es liegt ein Doppelsinn in dem Ausdruck „elektrisch erregbar." Man nennt ein Gewebe stärker elektrisch erregbar, erstens, wenn es durch einen schwächeren Reiz in Thätigkeit versetzt werden kann, und zweitens, wenn es auf einen gegebenen Reiz stärker reagiert, d. h. elektromotorisch leistungsfähiger ist. Ein zinkfähigerer Punkt ist, wie der Name andeutet, einer größeren elektropositiven Thätigkeit fähig als ein weniger zinkfähiger Punkt. In Bezug auf seine elektrische Thätigkeit ist der zinkfähigere Punkt leistungsfähiger, aber weniger erregbar.

London, November 1898.

A. D. Waller.

Inhalt.

Tierische Elektrizität.

„So wunderbar die Gesetze und Erscheinungen der Elektrizität sind, wenn sie uns in der unorganischen oder toten Materie entgegentreten, so ist doch dieselbe Kraft unvergleichlich viel interessanter, wenn wir ihr in Verbindung mit dem Nervensystem und dem Leben begegnen."

FARADAY, „Experimental Researches in Electricity". 15. Serie 1844.

Erste Vorlesung.

Tierische Ströme werden erzeugt durch tierische Plattenpaare, in denen das verletzte oder thätige Protoplasma elektropositiv („zinkartig"), das ruhende elektronegativ („zinkfähig") ist.

Der Nerv als typisches Reagens für lebende Materie.

Versuche. Strom eines VOLTA'schen Elements. Muskelstrom — seine negative Schwankung. Nervenstrom — seine negative Schwankung. Die mechanische und elektrische Wirkung verlaufen parallel. Elektrische Wirkung nicht elektrischer Reizmittel. Wirkung von Äther und Chloroform auf den isolierten Nerv.

Der Hauptschlüssel zu vielen sonst äußerst schwierigen und verwickelten Fragen auf dem Gebiete der tierischen Elektrizität ist ein sehr einfacher Gedanke. Thätige Materie ist elektropositiv gegen ruhende Materie; stärker thätige Materie ist elektropositiv gegen schwächer thätige Materie; Materie, die durch irgend einen Reiz zu stärkerer Thätigkeit angeregt worden ist, wird dadurch elektropositiv gegen ungestörte Materie; Materie, deren Thätigkeit eine Abschwächung erlitten hat, ist elektronegativ gegen normal thätige Materie.

Man denke sich eine gleichförmige Protoplasmafaser, d. h. ein Stück lebende Materie, das an allen Punkten gleich unthätig, oder, was auf dasselbe her-

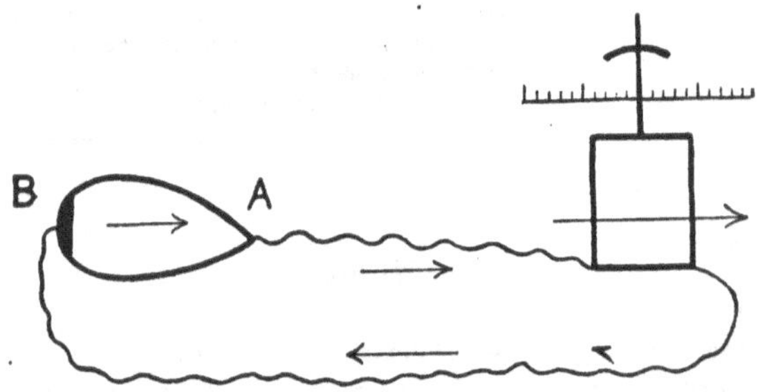

Fig. 1. Eine Protoplasmafaser als VOLTA'sches Element. Ein beliebiger verletzter, d. h. chemisch thätiger Punkt *B* verhält sich zinkartig gegen einen unverletzten Punkt *A*. Der Strom in der Faser geht von *B* nach *A*; im Galvanometer von *A* nach *B*.

auskommt, an allen Punkten gleich thätig ist. Da nach unserer Annahme je zwei Punkte gleich thätig sind, haben sie gleiche elektromotorische Kraft, d. h. sie sind „isoelektrisch", und zeigen keinen Strom, wenn sie durch Drähte mit dem Galvanometer verbunden werden. Wird aber *B* gereizt, indem man es mit einem heißen Draht kneift oder sticht, so erhält man sofort einen Ausschlag des Galvanometers, der das Vorhandensein eines Stromes in dem übrigen

Stromkreis anzeigt (s. die Pfeile in Fig. 1). In der Protoplasmafaser, die nun nicht mehr gleichförmig thätig, sondern bei *B* thätiger ist als bei *A*, geht der Strom von *B* nach *A*. Im Galvanometer geht der Strom von *A* nach *B*.

Diese beiden ungleich thätigen Stellen *B* und *A* bilden ein schwaches VOLTA'sches Element. *B*, der thätigere Punkt, an dem eine stärkere chemische Wirkung stattfindet (wir werden später darauf zurückkommen, wie eine solche chemische Wirkung beschaffen sein könnte), ist der erzeugende oder elektropositive Pol; *A*, der weniger thätige Punkt, an dem eine schwächere chemische Wirkung stattfindet, ist der empfindende oder elektronegative Pol.

Wir haben hier ein Stück lebende Materie, eine rohe Kartoffel, an der sich mit Leichtigkeit erläutern läßt, daß unverletztes Protoplasma keine Ströme aufweist, während verletztes Protoplasma elektromotorisch (zinkartig) ist. Verbindet man zwei Punkte *A* und *B* der unverletzten Kartoffel mit dem Galvanometer, wie auf Fig. 1, so läßt sich kein merklicher Strom nachweisen; sobald aber die Kartoffel an einem Punkt *B* durch einen Messerschnitt verletzt wird, schlägt der Lichtfleck nach rechts aus, infolge der chemischen Thätigkeit und elektromotorischen Kraft, die durch den Schnitt erregt worden sind. Man beachte, daß dieser Versuch, im strengsten Sinne des Worts, eine Vivisektion ist. Für unsern Zweck muß die Kartoffel lebendig sein. Die Wirkung bleibt vollständig aus, wenn die Kartoffel durch Kochen getötet worden ist.

Die elektromotorische und chemische Thätigkeit (Erzeugung von Kohlensäure), die wir an der verletzten Pflanzensubstanz beobachten, gehört in das Gebiet der Physiologie, sie gleicht ihrem Wesen nach der Thätigkeit, die verletzte tierische Substanz aufweist. Wenn es auch keinen Zweck hat, auf die wesentliche Übereinstimmung zwischen den Eigenschaften des Tier- und Pflanzenprotoplasmas näher einzugehen, so möchte

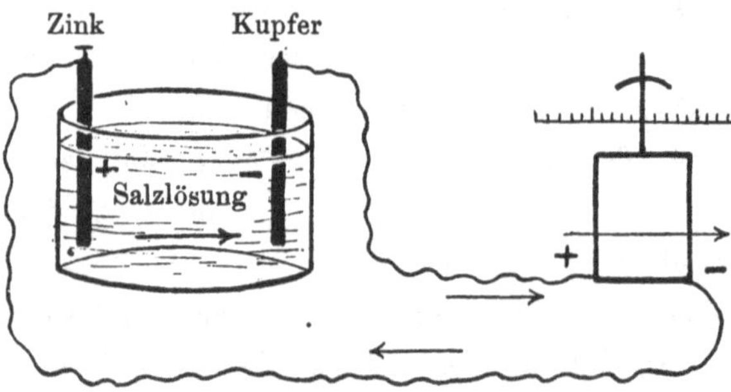

Fig. 2. Ein einfaches VOLTA'sches Element.

Die Berührungsfläche zwischen dem Zink und der Flüssigkeit ist der Hauptsitz der chemischen Thätigkeit. Der Strom geht in der Flüssigkeit vom Zink zum Kupfer; im Galvanometer vom Kupfer zum Zink.

ich doch im Vorübergehen die Frage bejahen, die sicher im Geiste vieler meiner Zuhörer aufgestiegen ist, ob in der That eine so große Ähnlichkeit zwischen dem Tier- und Pflanzenprotoplasma besteht? Ja, sie besteht nicht nur, sondern, im Ganzen genommen, sind die Ähnlichkeiten weit grundlegender und wichtiger als die Verschiedenheiten.

Zwei einfache Versuche sollen dazu dienen, das Wesen der elektromotorischen Reaktion gestörten Gewebes klar einzuprägen. Der erste zeigt die Stromrichtung eines typischen VOLTA'schen Elements (Zink und Kupfer). Der zweite weist nach, daß ein solcher Strom mit dem tierischen Strom, der aus dem thätigen in das weniger thätige Gewebe geht, gleichgerichtet ist.

Vorläufiger Versuch. — Ein Stück Zink und ein Stück Kupfer, die man in eine Salzlösung taucht und mit einem Galvanometer verbindet, sind typisch für das Verhalten und die Wirkungsrichtung eines VOLTA'schen Elements. Der Strom ist sogar so stark, daß wir bei unserem empfindlichen, für die weit schwächeren Ströme im lebenden Nerven bestimmten Instrument genötigt sind, ihn „kurz zu schließen" und nur einen kleinen Teil durch den Galvanometer hindurchgehen zu lassen.

Die Richtung des Ausschlags zeigt an, daß der Strom in dem VOLTA'schen Element von dem Zink zu dem Kupfer geht. Man präge sich dies wohl ein: Das Zink ist der thätige Pol, an dem die chemische Wirkung stattfindet und die elektromotorische Kraft entsteht. Später, wenn wir uns mit der elektrischen Reaktion des lebenden Nerven beschäftigen, wird es außerordentlich bequem sein, über Ausdrücke zu verfügen, die auf diesen Grundbegriffen fußen; z. B. von einem lebenden Nerven sagen zu können, er sei mehr oder weniger „zinkartig" oder „zinkfähig".

Zweiter vorläufiger Versuch. — Wir wollen nun den Versuch noch weiter vereinfachen. Wir entfernen die Kupferplatte ganz und schalten statt der

Salzlösung unsern eigenen Körper in den Stromkreis ein, indem wir mit der einen Hand den einen Schließungsdraht und mit einem Zinkstab, den wir in der andern Hand halten, den andern Schließungsdraht berühren.

Fig. 3. Hält man einen Zinkdraht in der rechten Hand und berührt damit den einen Schließungsdraht eines Galvanometers (während die linke auf dem andern Schließungsdraht ruht), so geht der Strom im Körper von rechts nach links, im Galvanometer von links nach rechts. Der Strom entsteht an der Berührungsstelle zwischen dem Zink und der feuchten Haut und geht von dem Zink zur Flüssigkeit. (Führte der Galvanometerdraht, statt in einer messingnen Klemmschraube zu endigen, in ein Gefäß mit Salzlösung und schlösse man den Stromkreis dadurch, daß man das Zink in dieselbe Lösung tauchte, so würde der Strom in der umgekehrten Richtung gehen, d. h. dem Sinne des Uhrzeigers entgegen und wie zuvor von dem Zink zu der Flüssigkeit.)

Wie zuvor geht der Strom von dem Zink durch den Körper, und nach dem Zink durch den Galvanometer; d. h. das Zink ist elektropositiv.

Dieser einfache Versuch führt nicht bloß zum richtigen Verständnis eines tierischen Stroms, sondern er ist auch ein bequemes Mittel, um bei einem komplizierten Stromkreis festzustellen, welche Stromrichtung in irgend einem Teil des Stromkreises durch einen gegebenen Ausschlag des Galvanometers angezeigt wird. Schaltet man seinen Körper in den Stromkreis ein, indem man das eine Drahtende in die linke Hand (*L*) nimmt, und das andere Ende mit einem Zinkstäbchen berührt, so erhält man den Ausschlag, welcher anzeigt, daß die Stromrichtung vom Zink nach dem Körper, d. h. auf der Figur von der rechten Hand in die linke (von *R* nach *L*), führt. Ein Ausschlag in dieser Richtung bedeutet also immer, daß die Thätigkeit bei *R* stattgefunden hat; ist der Ausschlag umgekehrt, so hat die Thätigkeit bei *L* stattgefunden.

Der erste Versuch verwirklicht den hypothetischen Fall, den wir als typisch bezeichneten. Man wiederholt ihn am besten mindestens zweimal, an den beiden typischen erregbaren, d. h. lebenden Geweben, dem Muskel und dem Nerven. Wir wollen mit dem Muskel anfangen, weil der Versuch an diesem leichter ausführbar und verständlicher ist.

Erster typischer Versuch (am Muskel). — Ein isolierter Muskel — der lebende Muskel eines toten Frosches — wird mit dem Galvanometer durch zwei Elektroden verbunden, die den Muskel an zwei Punkten berühren, dem sehnigen Ende oder Querschnitt *T* und dem Längsschnitt *L* (Fig. 4). So wie er da ist, wird er, wiewohl auf das Sorgfältigste präpariert, ganz sicher nicht absolut unverletzt und normal, also auch nicht homogen und an allen Punkten elektrisch indifferent sein. Er lebt, d. h. er stirbt — denn Leben ist nur langsames Sterben; er stirbt also (oder lebt, wenn man will), jedenfalls verändert er sich chemisch und zwar am dünnen Ende *T* schneller als am dicken Ende *L*. Ist dem so — und um ganz sicher zu gehen, berühre ich ihn mit einem heißen Draht — so wird *T* zu *L* zinkartig, und wir erhalten, wie das beigegebene Schema anzeigt, einen Strom; ein Beweis, daß am Muskel thätige (in diesem Fall

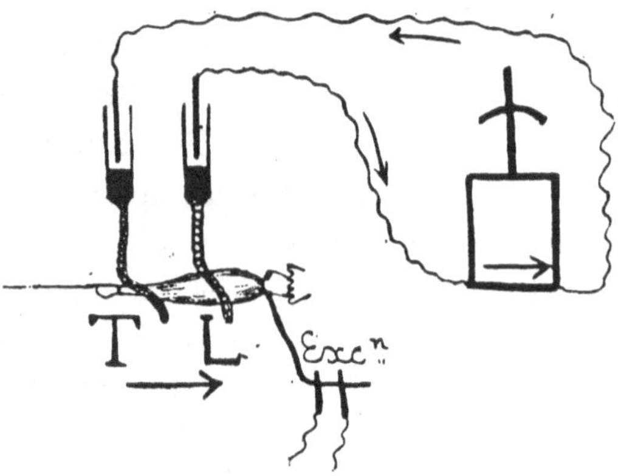

Fig. 4. Muskelströme.

Der Ruhestrom des verletzten Muskels geht im Muskel von *T* nach *L*. Der Strom des thätigen Muskels (die negative Schwankung des Ruhestroms) geht im Muskel von *L* nach *T*.

durch Verletzung erregte) Materie für weniger thätige Materie zinkartig ist und einen tierischen Strom erzeugt.

Dies war die erste Hälfte des Versuchs; die zweite ergänzende Hälfte, die denselben Grundsatz erläutert, vervollständigt ihn und erklärt seine Bedeutung. Der Nerv, welcher diesen Muskel versorgte, als sich beide noch im Körper befanden, ist sorgfältig herauspräpariert und vor dem Eintrocknen bewahrt worden, so daß er noch lebt. Reizt man sein zentrales Ende durch einen schwachen Induktionsschlag, so zieht sich der Muskel zusammen. Hieraus erfährt man: erstens, daß Muskel und Nerv noch leben; zweitens, daß der Lichtfleck, welcher durch den Ruhestrom des verletzten Muskels in der Richtung *T L* abgelenkt wurde, sich im entgegengesetzten Sinne bewegt (d. h. eine negative Schwankung erleidet), wenn sich der Muskel zusammenzieht. Dieser negative Ausschlag des Lichtflecks bedeutet, daß die chemisch-physikalische Veränderung, die bei der Zusammenziehung im Muskel stattfindet, bei *L* größer ist, als bei *T*, oder daß *L* zinkartig zu *T* geworden ist.

Bei einiger Überlegung wird man sich bald überzeugen, daß diese Thatsache unter unser Hauptgesetz fällt. Wir hatten zuerst den Ruhestrom des verletzten Muskels, der auf der Spannungsdifferenz zwischen *T* und *L* beruhte. *T* war thätig und zinkartig; mithin weniger fähig zu weiterer Thätigkeit, d. h. weniger zinkfähig als *L*. Wenn nun der ganze Muskel sammt *T* und *L* vermittelst seines Nerven gereizt wird, findet an dem ruhenden Punkt *L* eine größere Steigerung der Thätigkeit statt, als bei dem bereits thätigen Punkt *T*. Der Ruhestrom, der von *T* ausging, entstand durch die Spannungsdifferenz zwischen *T* und *L*; seine negative Schwankung, die von *L* ausgeht, entsteht durch die Verminderung dieser Differenz. Damit eine solche Verminderung eintreten kann, muß vorher eine Spannungsdifferenz vorhanden gewesen sein; eine negative Schwankung kann nur stattfinden, wenn es einen Ruhestrom gegeben hat. In einem durchweg chemisch homogenen Muskel, gleichviel, ob er ruhig oder thätig ist, bei dem zwei Punkte gleich zinkfähig oder gleich zinkartig sind, kann zwischen *T* und *L* keine (oder fast keine) Spannungsdifferenz entstehen, wenn beide gleich (oder fast gleich) verändert werden.

Zweiter typischer Versuch (am Nerven). — Bei dem ersten Versuch (am Muskel) diente der Strom nur als Werkzeug, um den Muskel zu reizen. Der Muskel reagierte auf zwei Arten, erstens durch eine thatsächliche Bewegung seiner Materie, zweitens durch

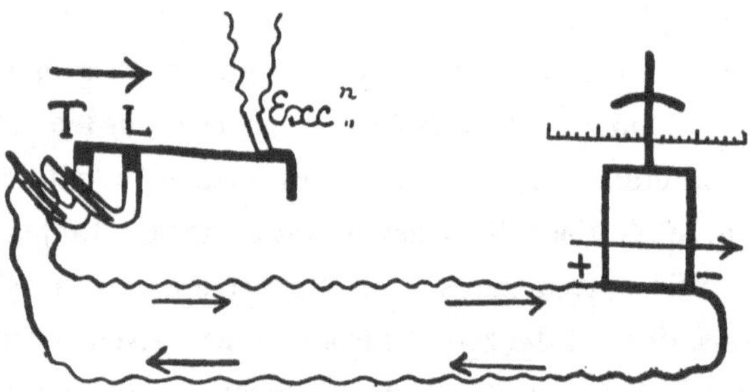

Fig. 5. Nervenströme.

Der Ruhestrom des verletzten Nerven geht im Nerven von *T* nach *L*. Der Strom der thätigen Nerven (die negative Schwankung des Ruhestroms) geht im Nerven von *L* nach *T*.

eine chemisch-elektrische Veränderung, die der Galvanometer anzeigte.

Bei dem zweiten Versuch (am Nerven) bedienen wir uns ausschließlich des Nerven selbst. Er ist von seinem natürlichen Ausdrucksorgan, dem Muskel, losgetrennt und an den Punkten *T* und *L* mit einem Galvanometer verbunden, der als sein künstliches Ausdrucksorgan fungiert.

Zunächst prüfen wir den Nerven auf seinen Ruhestrom, in der Erwartung, daß dieser, wie beim Muskel, in der Richtung vom gestörten Querschnitt nach dem ungestörten Längsschnitt stattfinden wird. Dies ist in der That der Fall.

Nun erregen wir den ganzen Nerven — was mit Rücksicht auf die Deutlichkeit des Versuchs nur durch elektrische Reizung geschehen kann — und suchen nach der negativen Schwankung des Ruhestroms. Die Schwankung ist nicht bedeutend, aber doch unverkennbar. (Bei dieser Gelegenheit will ich sie zwei Proben unterwerfen, deren Bedeutung ich später erklären werde: der Probe auf die Richtung des Stromes und auf den Abstand des Reizes. Ich kehre die Richtung des elektrischen Reizes um; die Schwankung bleibt negativ und ebenso stark wie zuvor. Sodann nähere ich die Reizelektroden den ableitenden Elektroden aus einer Entfernung von 3 cm auf einen Abstand von 1 cm und wiederhole die Probe mit entgegengesetzten Stromrichtungen; die Schwankung bleibt fortgesetzt negativ und unverändert stark. Wir dürfen also schließen, daß die Wirkung eine „echte negative Schwankung“ ist und weder auf Stromschleifen, noch auf dem du Bois-Reymond'schen Elektrotonus beruht.)

Der Wert, den wir geneigt sein werden, den elektrischen Äußerungen der physiologischen Thätigkeit beizulegen, wird wesentlich erhöht, wenn wir den ersten Versuch (am Muskel) näher betrachten. Wir besitzen offenbar an der mechanischen Wirkung der Muskelzusammenziehung ein Maß für die physiologische Thätigkeit des Muskels; er zieht sich mehr oder weniger zusammen, je nachdem seine physiologische Thätigkeit größer oder geringer ist, und man fragt sich naturgemäß, ob mit dieser größeren oder geringeren mechanischen Wirkung eine größere oder geringere elektrische Wirkung Hand in Hand geht.

Eine sehr einfache Abänderung des Versuchs bejaht diese Frage; das Ergebnis ausführlicherer Untersuchungen bestätigt sie über jeden Zweifel.

Wir kehren zum Muskel zurück und lassen ihn sich mehr oder weniger zusammenziehen, während wir mit Hülfe des Galvanometers feststellen, ob die elektrische Wirkung der mechanischen entspricht. Da es schwer ist, zwei Dinge gleichzeitig zu beobachten, zeige ich bei diesem Versuch nicht den Muskel selbst, sondern einen mit ihm verbundenen Schreibhebel, der seine Bewegungen auf eine berußte Platte aufzeichnet, von wo aus sie projiziert werden; der Schreibhebel registriert die Muskelzusammenziehungen, der Galvanometer die Stromschwankungen. Betrachtet man nun den Lichtfleck des Galvanometers, während der Muskel mehr oder weniger stark gereizt wird, so sieht man, wie sich dieser Fleck mehr oder weniger stark bewegt; und wendet man sich zum Muskel, so sieht man, daß er sich mehr oder weniger stark zusammengezogen hat.

Dieser Umstand ist sehr einfach, aber sehr wichtig, denn er beweist, daß wir in der That an den elektrischen Veränderungen ein Maß für die physiologische Thätigkeit besitzen. Eine stärkere oder geringere Muskelthätigkeit bewirkt eine stärkere oder geringere chemische Veränderung, d. h. eine größere oder geringere Verminderung des Ruhestroms. Während die

Reizung des ruhigen Muskels eine negative Schwankung zur Folge hat, würde man, wenn man den thätigen Muskel zur Ruhe brächte, eine positive Schwankung erhalten.

Um sich noch gründlicher davon zu überzeugen, daß die mechanische und die elektrische Wirkung übereinstimmen, werfe man einen Blick auf die beiden Kurven in Fig. 6. Der weiße Strich bedeutet die Serie von Zusammenziehungen, der schwarze Strich die entsprechende Serie von elektrischen Wirkungen an ein und demselben Muskel.

Beide Serien zeigen ein allmähliches Nachlassen der Wirkung — ein Zeichen von Muskelermüdung; und beide nehmen fast in demselben Maße ab. Allerdings nicht ganz in demselben Maße; untersucht man sie genau, so kann man gewisse Verschiedenheiten entdecken. Obwohl es unnötig ist, hier näher darauf einzugehen, sei immerhin erwähnt, daß von beiden Aufnahmen, der mechanischen und der galvanometrischen, die letztere die genauere ist. Sie zeigt eine abnehmende Serie, deren Spitzen in einer konvexen Kurve zur Grundlinie liegen; hätte ich ein etwas besseres mechanisches Verfahren angewendet (das sogenannte „isometrische“, bei dem der Muskel gegen eine starke Feder wirkt, so daß er sich nicht wesentlich verkürzt und nur seine Spannung aufschreibt), so wäre die abnehmende Serie von Spannungswirkungen der galvanometrischen Aufnahme ähnlicher ausgefallen. Aber wir kommen auf diesen Punkt zurück, wenn wir über Ermüdung sprechen; vorläufig liegt mir nur daran, festzustellen, daß sich

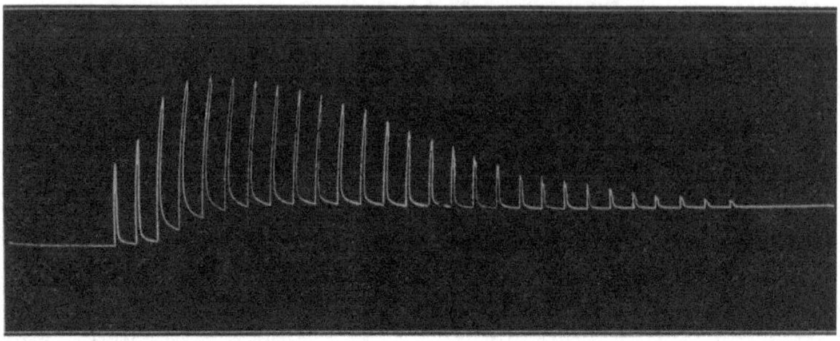

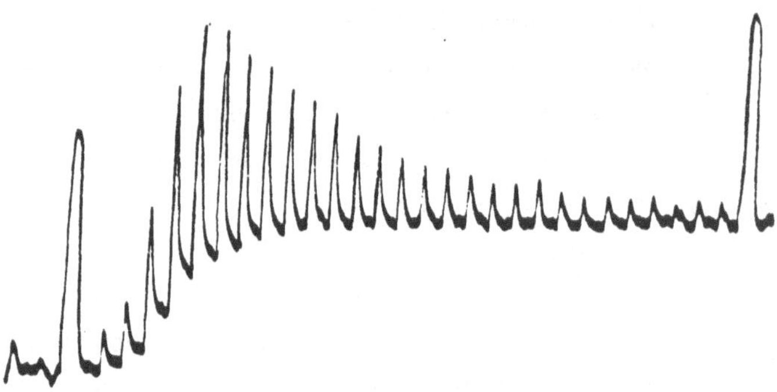

Fig. 6 (2462). Gleichzeitige Aufnahme der mechanischen und elektrischen Reaktion des Froschgastrocnemius. Tetanische Reizung während je $7\frac{1}{2}$ Sek. durch 60 bis 70 Mal in der Sek. unterbrochene Ströme.

Die obere Figur (weiß auf schwarz) stellt die Reihe der Verkürzungen bei einer Belastung von 10 g dar.

Die untere Figur (schwarz auf weiß) stellt die entsprechende Reihe von elektrischen Wirkungen dar; die großen Ausschläge am Anfang und am Ende sind Probeausschläge des Instruments bei $\frac{1}{100}$ Volt. Aperiodischer Galvanometer (kurz geschlossen).

Bei dem ersten und zweiten Ausschlag beider Reihen betrug die Reizstärke 4 und 5 Einheiten. Später betrug sie 10 Einheiten.

der Galvanometer zur Aufnahme physiologischer Veränderungen vorzüglich eignet; später hoffe ich den Beweis führen zu können, daß er in dieser Beziehung das beste Instrument ist, das wir besitzen.

Um zu beobachten, wie sich die physiologische Thätigkeit bei Ermüdung oder andern Einflüssen verändert, ist es in bezug auf den Muskel ganz gleichgültig, ob man sich zum Aufzeichnen eines Schreibhebels oder eines Galvanometers bedient. Die eine Kurve ist geradezu ein Widerspiel der andern. Das galvanometrische Verfahren mag anfangs umständlicher erscheinen, erweist sich aber, nachdem die ersten Schwierigkeiten überwunden sind, bequemer, feiner und exakter als das mechanische.

Mehrere äußerst bedeutsame Schlüsse lassen sich aus dieser einfachen Beobachtung ableiten. Wir haben uns vorläufig nur mit einem zu beschäftigen. Wenn die elektrische Wirkung ein genaues Maß für die Muskelthätigkeit darstellt, so kann sie auch als ein Maß für die Thätigkeit des Nerven gelten.

Gegen die uneingeschränkte Annahme dieser Schlußfolgerung müssen wir jedoch gleich einen Einwand erheben.

Die Thätigkeit im Nerven wird durch künstliche Reizmittel erregt, sei es nun durch elektrische, chemische, mechanische oder andere. Der Bequemlichkeit halber bedient man sich am häufigtsen des elektrischen Reizes durch den Induktionsstrom. Es fragt sich nun, ob wir ganz sicher sein können, daß die tierische Elektrizität nicht von unsern elektrischen Apparaten herrührt? Es würde zu weit führen, wollte ich in erschöpfender Weise darlegen, durch welche Mittel diese Frage beantwortet werden kann; nur soviel sei gesagt, daß die elektrische Wirkung im Nerven zwar zuweilen auf grober Täuschung beruht, und gewöhnlich am stärksten auftritt, wenn man sich elektrischer Reizmittel bedient, daß sie aber sicher auch durch andere Reizmittel erzeugt werden kann, und selbst wenn man elektrische Reizmittel anwendet, ausschließlich eine Eigentümlichkeit des l e b e n d e n Gewebes ist. Diese Behauptung werden wir durch Versuche mit Giften näher begründen, sobald wir uns überzeugt haben, daß elektrische Wirkungen in der That auch dann eintreten, wenn der Reiz nicht elektrisch ist. Ich verbinde den Muskel wie gewöhnlich an den Punkten *T L* mit dem Galvanometer und erhalte den üblichen Ruhestrom des verletzten Muskels von *T* nach *L*. Ich errege nun den Muskel durch Kneifen, d. h. durch einen nicht elektrischen Reiz; er zieht sich zusammen und der Ruhestrom wird gleichzeitig vermindert.

Hier wurde also eine elektrische Wirkung durch einen nicht elektrischen Reiz erzeugt. Mit etwas mehr Sorgfalt und einem empfindlicheren Galvanometer würde dieselbe Wirkung auch am isolierten Nerv nachgewiesen werden können; schließlich könnte ich auch noch einen Schritt weiter gehen und zeigen, daß nicht bloß die künstliche Nervenerregung von elektrischen Wirkungen begeitet ist, sondern auch die natürliche, gleichviel ob sie elektrischen Ursprungs ist oder nicht. Dies läge jedoch meinem gegenwärtigen Zweck fern, der einfach darin besteht, nachzuweisen, daß ein elektrischer Reiz für die Entstehung einer elektrischen Wirkung nicht unerläßlich ist. Dieser Reiz eignet sich aber so vorzüglich zum praktischen Gebrauch und läßt sich so fein abmessen und regulieren, daß ich ihn mit ganz wenigen Ausnahmen systematisch anwenden werde. Es ist daher wesentlich, sich gleich anfangs klar zu machen, daß der elektrische Strom mit der elektrischen Beschaffenheit des Reizes in keinem Zusammenhange steht. Wenn wir uns später mit den elektrischen Wirkungen des Herzens und der Netzhaut beschäftigen werden wir Gelegenheit haben, uns hiervon noch eingehender zu überzeugen.

Gehen wir nun von der Thatsache aus, daß beim Muskel die mechanische und elektrische Reaktion auf einen Reiz nahezu parallel verlaufen, und benutzen wir den zuerst von du Bois-Reymond beobachteten Umstand, daß sich der im Nerven durch einen Reiz erregte Impuls in beiden Richtungen von der Reizstelle aus fortpflanzt, so können wir einen Vergleich anstellen zwischen den Veränderungen im Nerven und denen in dem damit zusammenhängenden Muskel. Den Zustand des Muskels erkennt man an seiner mechanischen Kontraktion, den des Nerven an seiner elektrischen Reaktion. Fig. 7 zeigt das Ergebnis dieses Versuchs. Der Muskel ist mit einem Schreibhebel verbunden, an dem ein Papierfähnchen befestigt ist. Der Schatten dieses Fähnchens fällt durch einen Spalt auf eine lichtempfindliche Platte, auf welche der galvanometrische Lichtfleck gleichzeitig die elektrischen Veränderungen des Nerven einträgt. Der Nerv wird einmal in der Minute gereizt, sodann zieht sich der Muskel am Ende des Nerven zusammen und der Galvanometer am andern Ende zeigt eine negative Schwankung. Auf der entwickelten Platte ergeben die spitzen Schatten des Fähnchens die Schwankungskurve des Muskels, die Ausschläge des Lichtflecks die Schwankungskurve des Nerven.

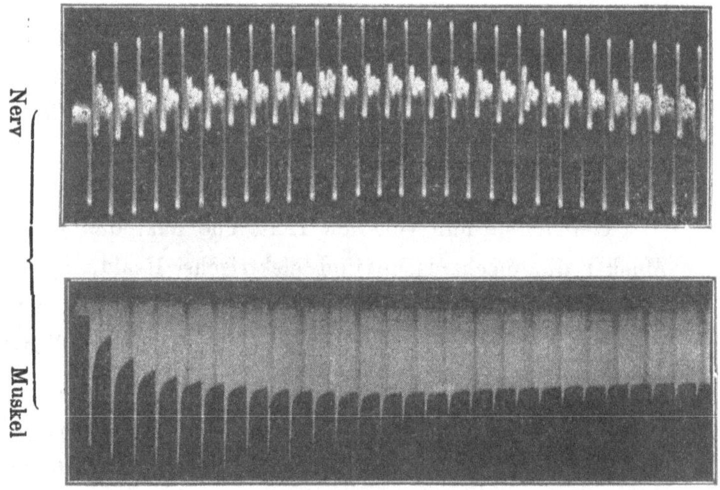

Fig. 7. (139). Gleichzeitige Aufnahmen der elektrischen Reaktion des Nerven (obere Figur) und der mechanischen Reaktion des Muskels (untere Figur).
Die Reizstärke beträgt durchweg 10 Einheiten. Gewöhnlicher Galvanometer.

Die Hauptmomente sind nun folgende. Durch Reizung ein und desselben Nerven hat eine abnehmende Reihe von Muskelkontraktionen und eine ebensolche, aber nicht abnehmende Reihe von negativen Schwankungen des Nervenstromes stattgefunden. Der Muskel ist allem Anschein nach ermüdet,[1] der Nerv dagegen zeigt keine Ermüdung. Hieraus geht deutlich hervor, daß der Muskel den Zustand des Nerven nicht ganz treu wiedergiebt, sondern nur den des zusammengesetzten Organs, das aus Nerv, Nervenendigung und Muskel besteht. Will man daher die elektrischen Schwankungen im Nerven beobachten, so ist der Galvanometer dem Muskel vorzuziehen. Nachdem ferner erwiesen ist, daß wir in der elektrischen Wirkung ein sicheres Mittel besitzen, um den physiologischen Zustand des Nerven, als einfache Protoplasmafaser betrachtet, zu erkennen, ist es klar, daß bei der mathematischen Regelmäßigkeit, mit der die elektrische Reaktion auf regelmäßig erfolgende elektrische Reize während langer Zeiträume eintritt, diese Reaktion sich am besten eignet, um daran die physiologischen Veränderungen zu untersuchen, die durch allerhand chemische oder physikalische Eingriffe bewirkt oder nicht bewirkt werden. Aber gerade die Regelmäßigkeit der Reaktion trägt ein verdächtig unphysiologisches Gepräge. Wir haben daher vor allen Dingen festzustellen, ob sie physiologisch ist oder nicht. Das beste Mittel zu diesem Zweck ist die Behandlung mit narkotischen Dämpfen. Äther eignet sich hierzu am besten und wirkt am schnellsten.

Versuch. — Der Nerv ruht auf zwei unpolarisier-

---

[1] Wie bei einer früheren Gelegenheit nachgewiesen worden ist (British Medical Journal 1885, 1886), tritt die Ermüdung mehr in der Nervenendigung (Endplatte), als im Muskel ein, doch hat dies mit dem obigen Gedankengang nichts zu thun.

baren Elektrodenpaaren. Das eine Paar dient der Zuführung des Reizstroms, das andere vermittelt die Ableitung des Nervenstroms und seiner negativen Schwankung zum Galvanometer. Das Ganze befindet sich in einer Glaskammer, in welche eine gesättigte Mischung von Luft und Ätherdampf eingeblasen werden

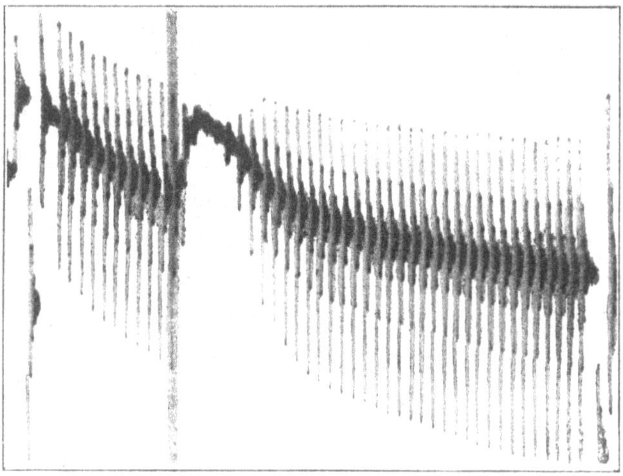

vorher Äther nachher

Fig. 8. (576). Wirkung des Äthers $(C_2H_5)_2O$ auf die elektrische Reaktion des isolirten Nerven.

Die elektrische Reaktion bleibt ungefähr 5 Minuten lang aus, kehrt dann langsam wieder und wird etwas größer als vor der Ätherisierung. Reizung und Reaktion des Nerven einmal in der Minute.

kann. Nachdem durch Schließung des Reizstroms die negative Schwankung mehrmals hervorgerufen worden ist und es feststeht, daß sie hinreichend groß und regelmäßig ist, wird der Ätherdampf in die feuchte Kammer eingeblasen. Während der folgenden zwei oder drei Minuten prüft man den Nerven in kurzen

Zeitabständen auf die negative Schwankung und es zeigt sich, daß sie abnimmt und verschwindet. Doch wird sie durch den Äther nicht dauernd vernichtet, sondern nach Ablauf von 5—10 Minuten kehrt sie wieder und nimmt allmählich zu, bis sie normal, oder unter Umständen sogar übernormal wird.

Dieser Versuch (Fig. 8), dessen Verlauf für die

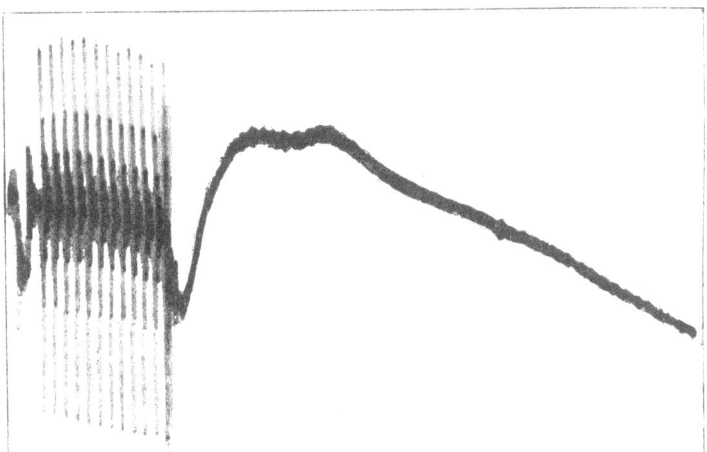

Fig. 9. (552). Wirkung des Chloroforms (Trichlormethan $CHCl_3$) auf die elektrische Reaktion des isolierten Nerven. Die Reaktion wird endgültig vernichtet und kehrt während der Dauer des Versuchs nicht wieder.

Folgen der Ätherisierung typisch ist, beweist, daß wir es mit einer physiologischen Erscheinung zu thun haben.

Nachdem wir uns davon überzeugt haben, mit welcher erstaunlichen Regelmäßigkeit der Nerv auf regelmäßige, in gleichmäßigen Abständen erfolgende Reize elektrisch reagiert, und daß ferner diese elektrische Reaktion physiologisch ist, liegt der Gedanke nahe, daß wir an ihr ein vorzügliches Mittel besitzen, um die Einwirkung chemischer Reagentien auf die physiologischen Eigenschaften des Nerven zu prüfen.

Denn dieser Versuch wird am Nerven und zwar ausschließlich an diesem ausgeführt. Der Muskel oder das motorische Endorgan kann also keinen Anteil daran haben, was möglich wäre, wenn der Muskel als Indikator benutzt würde. Das Versuchsobjekt ist vollständig isoliert. Es bewegt sich nicht. Der Reiz, durch den es erregt wird, erschöpft seine Erregbarkeit nicht. Hierzu kommt noch der nebensächliche, aber keineswegs zu unterschätzende Vorzug, daß die Kurve jeder einzelnen Bewegung mit Leichtigkeit photographiert und zur späteren Bezugnahme aufbewahrt werden kann, ja noch nach hundert Jahren ihre volle Gültigkeit bewahrt. Der Nerv hat die Serie seiner eigenen Reaktionen aufgezeichnet, gleichviel welcher Behandlung man ihn unterworfen hat; er kann keine unrichtige Auskunft geben; höchstens kann er einmal eine falsch gestellte Frage falsch beantworten, oder es mag uns nicht sofort gelingen, seine Sprache richtig zu deuten.

Zur Erläuterung wird es zweckmäßig sein, die Wirkung verschiedener Anaesthetica mit einander zu vergleichen. Ich bringe schon jetzt einen Chloroformversuch in Gang, damit wir hinreichend Zeit haben, uns durch den Augenschein von einem Hauptmoment des Gegenstandes zu überzeugen, daß nämlich Chloroform giftiger ist als Äther, daß seine volle Wirkung eine endgültige ist und der Nerv sich auch nach längerer Zeit nicht wieder erholt. Dieser Punkt ist selbstverständlich von großer praktischer Bedeutung und kann jederzeit den Anlaß zu dringendster persönlicher Besorgnis geben; überhaupt werde ich bei dem, was ich zu sagen habe, kaum vermeiden können, Thatsachen zu berühren, die eine direkte praktische Anwendung zulassen. Meine Versuche wurden indessen ursprünglich nicht in diesem Sinne unternommen, sondern sie hatten den Zweck, die Brauchbarkeit des Nerven zu dessen weiterer Ausnützung als Versuchsobjekt nachzuweisen.

Kürzlich wurde das 50jährige Jubiläum der chirurgischen Anwendung des Chloroforms als eines Anästhetikums gefeiert. Im Jahre 1847 operierte Sir JAMES SIMPSON zum ersten Mal in der Chloroformnarkose. Das Chloroform wurde seiner wohlthätigen Eigenschaften wegen bald allen ähnlichen Mitteln, die vor und nach ihm auftraten, vorgezogen, so daß in England wenigstens der Ausdruck „narkotisieren" ebensoviel bedeutet wie „chloroformieren". Viele Chirurgen, Lord LISTER an der Spitze, benutzen das Chloroform mit Ausschluß aller anderen Anästhetika. Aber wie alle starken Mittel — stark, weil sie giftig sind — und vielleicht mehr noch als die meisten, fordert das Chloroform, während es die Wohlthat rascher und vollständiger Bewußtlosigkeit gewährt, einen sehr hohen Preis. Keinen zu hohen vielleicht, wenn Chloroform das einzige verfügbare Anästhetikum wäre — aber einen viel zu hohen, wenn man bedenkt, daß es noch andere, schwächere Anästhetika giebt, die in vielen Fällen genügt haben würden, wo Chloroform mit tödlichem Ausgange gereicht wurde.[1]

Es ist behauptet worden, daß die Experimentalphysiologie über die Anwendung von narkotischen Mitteln keine Aufschlüsse gewährt, daß wir uns darin nur nach klinischer Erfahrung richten können. Ich weise diese Behauptung zurück und werde sofort einen vergleichenden Versuch anstellen, der im Nerven die relative Wirksamkeit dieser beiden Hauptreagentien veranschaulichen soll.

Die Wirkung des Äthers ist soeben gezeigt worden. Der Verlauf war typisch, die Erregbarkeit verschwand binnen 3 Minuten vollständig und stellte sich nach ungefähr 5 Minuten wieder ein.

Wie verhält es sich mit dem Chloroform? Dasselbe wurde vor einer halben Stunde gereicht und die Erregbarkeit hörte sofort auf. Prüft man den Nerven jetzt, so erfolgt nichts; er hat seine Erregbarkeit eingebüßt; er ist, wie man sieht, „in der Chloroformnarkose gestorben".

Dies ist in groben Zügen der Sachverhalt. Es handelt sich nicht um eine unbedeutende Verschiedenheit der Wirkung, sondern um einen schlagenden Kon-

---

[1] Dr. Lauder-Brunton, obgleich er das Chloroform im Gegensatz zum Äther nachdrücklich befürwortet, spricht sich in seinem Lehrbuch der Pharmakologie (3. Aufl. 1893, S. 801) in folgender Weise aus: „Die Operationen, bei denen der Tod durch Chloroformnarkose am häufigsten eintritt, sind kurz und verhältnismäßig leicht, wenn auch schmerzhaft, wie z. B. das Ausziehen von Zähnen und Ausreißen von Zehennägeln — Operationen, bei denen die Anwendung einer starken Chloroformnarkose als überflüssig und zeitraubend erscheinen könnte."

trast. Es bleiben noch viele Nebenumstände zu erwägen; eine Frage wie diese kann selbstverständlich nicht durch einen einzigen Versuch erledigt werden. So kommt es z. B. auf die Dosis an. Der Nerv erhielt jedesmal die Maximaldosis, d. h. während einer Minute Luft, die mit ungefähr 50 Prozent Äther oder ungefähr 12 Prozent Chloroform gesättigt war. Bis zu welchem Grade kann man von der nackten Nervenfaser auf den komplizierten menschlichen Organismus schließen? Diese Frage werden wir nicht ohne weiteres beantworten. Wir haben gesehen, daß Anästhetika auf den Nerven ähnlich wirken, wie auf den Organismus; unsere nächste Aufgabe wird nun darin bestehen, einige der Fälle zu untersuchen, in denen ihre Wirkung von jener abweicht.

Historische Bemerkungen.

Die Lehre von der „tierischen Elektrizität" (d. h. von den elektrischen Erscheinungen am tierischen Organismus) ist gerade hundert Jahre alt. Die Hauptmerksteine in ihrer Geschichte bilden die Namen GALVANI, VOLTA, ALDINI, MATTEUCCI, E. DU BOIS-REYMOND, HERMANN und BERNSTEIN, sowie drei erbitterte, aber fruchtbare Kontroversen, die eine zwischen GALVANI und VOLTA (um 1794), die zweite zwischen MATTEUCCI und DU BOIS-REYMOND (um 1850) und die dritte zwischen DU BOIS-REYMOND und HERMANN (um 1867).

Eine vortreffliche Schilderung der GALVANI-VOLTA'schen Polemik ist in DU BOIS-REYMOND's „Untersuchungen über thierische Elektricität" (Berlin 1848—49 — 84) enthalten; wenn er jedoch davon spricht, daß ALDINI „im Trüben gefischt" habe, so scheint mir dieses ungünstige Urtheil durch die Thatsachen nicht gerechtfertigt.

Man kann den Ursprung der Lehre von der tierischen Elektrizität auf den Augenblick zurückführen, als LUIGI GALVANI (oder, wie einige erzählen, seine Gemahlin LUCIA) anscheinend spontane Zuckungen an den Beinen eines zum Braten zubereiteten Frosches beobachtete, der mit einem Kupferhaken (im Jahre 1791 war der Haken aus „Kupfer", 1776 aus „Eisen") an einem eisernen Gitter aufgehängt war. Wer von beiden die Entdeckung machte, ob LUCIA oder LUIGI bei dem Anblick des zuckenden Froschmuskels zuerst ausrief: ‚Ecco!" wäre zwar interessant zu erfahren, ist aber nicht wesentlich. Wichtiger erscheinen gewisse andere

Umstände in bezug auf den GALVANI'schen Hausstand. Zu jener Zeit studierte sein Neffe, der im Jahre 1793 Professor der Physik war, an der Universität Bologna und lebte in GALVANI's Hause.

Die Schriften über den Gegenstand sind folgende:

1. GALVANI. De viribus electricitatis in motu musculari commentarius. Bologna, 1791.
2. Dasselbe, ristampate a Modena, 1792, con note ed una dissertazione del Prof. G. ALDINI (De animalis electricae theoriae etc.).
3. Dell' uso e dell' attività dell' arco conduttore nelle contrazioni dei muscoli. Anonym. Bologna, 1794.
4. GALVANI, Supplemento. Bologna? 1794.

Die beiden typischen Versuche sind:

1. Die Zuckung mit metallischem Bogen.
2. Die Zuckung ohne Metalle.

Der Hauptmeinungsunterschied zwischen GALVANI und VOLTA bestand in folgendem: GALVANI glaubte, daß die Zuckung mit Metallen im Stromkreise auf tierischer Elektrizität beruhe, welche durch die Metalle abgeleitet werde; VOLTA dagegen schrieb sie dem Reiz zu, den die gewöhnliche, durch den Kontakt zwischen verschiedenen Metallen erzeugte Elektrizität auf den Muskel ausübt. Die Zuckung mit Metallen sei kein Beweis für das Vorhandensein tierischer Elektrizität. Dasselbe könne nur bewiesen werden durch einen Versuch, bei welchem sich ausschließlich tierische Gewebe im Stromkreis befänden. Mithin bezeichnet die Entdeckung der „Zuckung ohne Metalle" den Ursprung der Lehre von der „tierischen Elektrizität".

Dieser Versuch wird zum ersten Mal erwähnt in der anonymen Abhandlung vom Jahre 1794, er steht nicht in GALVANI's Kommentar vom Jahre 1791.

Wer war der Verfasser der anonymen Abhandlung, wer mithin der Entdecker der „Zuckung ohne Metalle"? ALDINI nimmt in seinem „Essai sur le Galvanisme" den Versuch für sich in Anspruch. Ob aber die anonyme Abhandlung von ihm oder von GALVANI sei, dafür fehlt uns jeder Anhalt.

Auf der anderen Seite schreibt GHERARDI in seinen Bemerkungen zu den „Opere edite ed inedite del Professore LUIGI GALVANI“, Bologna, 1841, und DU BOIS-REYMOND in seiner „Thierischen Elektricität“ die anonyme Abhandlung und mit ihm den wichtigen Versuch ganz unbedingt GALVANI als dem „vero ed unico autore“ zu.

Das Manuskript, das sich nach DU BOIS-REYMOND in der Universitätsbibliothek zu Bologna befindet und teils in GALVANI's Handschrift, teils in einer andern abgefaßt sein soll, ist dort nicht aufzutreiben. Wir sind also in diesem Punkt auf bloße Möglichkeiten angewiesen und diese deuten meiner Ansicht nach auf eine zum mindesten gemeinsame Urheberschaft, jedenfalls nicht auf GALVANI als alleinigen Verfasser und ebenso wenig auf ein Plagiat von seiten ALDINI's.

Im Jahre 1794 (als die anonyme Abhandlung erschien) war GALVANI 57 Jahre alt. Er war Professor der Geburtshilfe und Rektor der Universität, nachdem er zuvor den Lehrstuhl für Anatomie innegehabt und folgende Schriften herausgegeben hatte: de ossibus, 1762; de renibus, 1767; de Manzoliniana Supellectili, 1777; de Volatilium aure, 1783; und de viribus electricitatis in motu musculari commentarius, 1791.

Zur selben Zeit stand sein Neffe und Hausgenosse ALDINI im Alter von 32 Jahren und war Professor der Physik an der Universität von Bologna. 1792 veröffentlichte er seine Dissertation „De animalis electricae theoriae ortu atque incrementis“. Er ist es, der 1796 bei Gelegenheit des italienischen Feldzuges NAPOLEON die neuen elektrischen Versuche vorführte; an ihn, nicht an GALVANI, richtet sich VOLTA's polemische Korrespondenz.

MATTEUCCI's Beiträge zu der Frage sind zahlreich und in der italienischen, französischen und englischen

Litteratur jener Zeit (1830—50) zu finden. Sein „Essai sur les Phénomènes électriques des Animaux“, Paris, 1840, der durch JOHANNES MÜLLER in DU BOIS-REYMOND's Hände gelangte, gab diesem den Anstoß zu der Arbeit seines Lebens. Dieser „Essai“ wurde später zu einem „Traité des Phénomènes électro-physiologiques des Animaux“, Paris, 1844, und zu seinem „Cours d'Électro-physiologie“, Paris, 1858, erweitert. Ein bleibendes Vermächtnis zu dem Gegenstande hinterließ MATTEUCCI in der „sekundären Zuckung“, die er in den „Philosophical Transactions of the Royal Society“ für das Jahr 1845 als „induzierte Zuckung“ bezeichnet, und welche DU BOIS-REYMOND auf eine Reizung des zweiten Nerven durch die negative Schwankung im Muskel des ersten zurückführte.

Über den verschiedenen Standpunkt der beiden Gelehrten sagt DU BOIS-REYMOND in seiner Vorrede zur „Thierischen Elektricität“: „Es giebt, laut demselben (MATTEUCCI), keine elektrischen Ströme in den Nerven. Der Muskelstrom kreist in den Muskeln nur, nachdem sie auf gewisse Weise zugerichtet sind, und hat nichts zu schaffen mit ihrer Zusammenziehung. Das sogenannte Nervenprinzip ist ihm nach wie vor ein besonderes, hypothetisches Wesen, welches er beliebt, sich unter dem Bilde von Ätherschwingungen vorzustellen, und unter allen Umständen als von der Elektrizität durchaus unterschieden erklärt. Ich nun glaube sehr entgegengesetzte Ansichten verfechten zu dürfen. Es ist mir, wenn mich nicht alles täuscht, gelungen, jenen hundertjährigen Traum der Physiker und Physiologen von der Einerleiheit des Nervenwesens und der Elektrizität, wenn auch in etwas abgeänderter Gestalt, zu lebensvoller Wirklichkeit zu erwecken.“

Und doch war DU BOIS-REYMOND kein Vitalist. Bei ihm bestand der leitende Gedanke darin, die „Lebenskraft“ zu analysieren und ihre physikalischen und chemischen Bestandteile zu suchen. Seine Bestrebungen konzentrierten sich auf das Studium des lebenden Nerven und Muskels, besonders auf ihre elektrischen Äußerungen. Vielleicht legte er übergroßes Gewicht auf diese, indem er sie als Beweise dafür ansah, daß das Nervenprinzip mit der Elektrizität identisch sei. Nach seiner Ansicht besteht eine Nervenfaser aus einer Kette dipolarer, elektromotorischer Molekeln, die in der Mitte positiv und an beiden Enden negativ sind; zwischen dem Längsschnitt und dem Querschnitt besteht ein Strom (der Ruhestrom), der eine Verminderung (negative Schwankung) erleidet, wenn der Nerv oder Muskel gereizt wird. Im elektrotonischen Zustand (s. 5. Vorlesung) sind die Molekeln so angeordnet, daß ihre negativen Pole zur Anode und ihre positiven Pole zur Kathode gerichtet sind.

Hermann's Darstellung weicht von der obigen in mehreren Punkten ab. Nach ihr sind im normalen Nerven oder Muskel überhaupt keine Spannungsdifferenzen vorhanden, sondern sie entstehen erst infolge der Verletzung und der physiologischen Thätigkeit. Verletzte Teile verhalten sich elektronegativ für normale Teile. du Bois-Reymond's negative Schwankung ist ein Thätigkeitsstrom; sein elektrotonischer Zustand beruht auf Elektrolyse.

Litteratur.

Die Controverse zwischen du Bois-Reymond und Hermann ist durch verschiedene Schriften verstreut. du Bois-Reymond's Ansicht findet man in seinen *Gesammelten Abhandlungen,* II. Bd., Leipzig, 1877, S. 319 (Wiederabdruck der Arbeit von 1867); Hermann's Ansicht in seinem *Handbuch der Physiologie* I. Bd., S. 235 (Leipzig, 1879).

Bernstein sucht beide Theorien zu vereinigen in seinen *Untersuchungen aus dem Physiologischen Institut Halle*, 1888, abgedruckt in Bernstein's *Lehrbuch der Physiologie* (1894) SS. 359, 449. Die neuere Litteratur über den Gegenstand ist in Biedermann's *Elektrophysiologie*, Jena, 1895, enthalten. Hermann's Theorie vom „Verletzungs-“ oder „Demarkationsstrom“ wurde zuerst im Jahre 1867 veröffentlicht. Eine sehr ausführliche Schilderung befindet sich in seinem *Handbuch der Physiologie,* I. Bd., S. 235.

Die negative Schwankung des Muskel- und Nervenstroms wurde im Jahre 1843 von du Bois-Reymond entdeckt (*Thierische Elektricität*, I. Bd., S. 425). Er wird neuerdings häufig als „*Actionsstrom*“ bezeichnet.

Die Litteratur der Anästhetika ist eine äußerst ausgedehnte. Die beste Übersicht über den Gegenstand gewähren unter anderem Claude Bernard's *Leçons sur les Anesthétiques et sur l'Asphyxie*, Paris, 1875; Snow's „*Chloroform*“ (herausgegeben von Richardson), London, 1858 und Kappeler's *Anaesthetica,* Stuttgart, 1880.

Zweite Vorlesung.

Beschreibung der Methode. Erläuterung des Ohm'schen Gesetzes. Aperiodischer und oszillierender Magnet. Alkohol. Kohlensaures Wasser. Tabakrauch. Kohlensäure. Die Funktion des Atmens. Progressive und regressive Metamorphose. Näheres über die Wirkung der Kohlensäure.

Das Resultat eines Versuchs erhält seinen Wert hauptsächlich durch die Methode. Das Hauptziel einer Methode aber besteht darin, die Erscheinung, welche qualitativ betrachtet und womöglich quantitativ gemessen werden soll, aus einer Schar von Möglichkeiten streng zu isolieren. Es ist von größter Wichtigkeit, daß die Untersuchungsmethode genau angegeben werde, denn nur aus dieser läßt sich ermessen, auf welchen Grad der Einfachheit, mithin der Beweiskräftigkeit, die Analyse zurückgeführt worden ist.

Hiervon abgesehen, ist es selbst für den einfachen Austausch von Kenntnissen, wie er unter Fachgenossen erwünscht sein dürfte, notwendig, daß die äußeren Mittel, durch welche der einzelne Gelehrte sein kleines Gebiet beherrscht, klar dargelegt werden. Jeder Wissenszweig hat seine eigene Sprache, sowohl in technischer als in wörtlicher Beziehung; und es geschieht nur zu oft, daß zwei Gelehrte, die verwandte Gegenstände bearbeiten, unfähig sind, einander ihre Resultate mitzuteilen, weil sie sich gegenseitig nicht verstehen.

Wenn wir eine Sprache erlernen, sind die ersten Schritte gewöhnlich die unerfreulichsten. Und doch erschließt sich uns nur durch sie der Geist einer Sprache. Was kümmern uns die schwarzen Zeichen auf dem Papier, wenn wir sie nicht lesen können, was die Bewegungen eines Lichtflecks auf einer Skala, wenn wir sie nicht zu deuten wissen?

„Strom“, „Spannung“, „Widerstand“, „Galvanometer“ sind das ABC, das wir verstehen lernen müssen, ehe wir weiter gehen dürfen, wenn anders wir es mit unserer Aufgabe ernst nehmen.

Ich setze voraus, daß uns diese Grundbegriffe bekannt sind, wenn auch vielleicht nicht in ihrer vollsten Bedeutung — ich nehme ferner an, daß wir den Satz verstehen: „Die Stromstärke verändert sich im Verhältnis zur Spannung und im umgekehrten Verhältnis zum Widerstande,“ und fordere Sie nun auf, mir in die Einzelheiten des speziellen Versuchs zu folgen, der hier (S. 34) abgebildet ist.

Der Nerv bildet den Mittelpunkt. Er ruht auf zwei Elektrodenpaaren in einer feuchten Kammer, in welche Gase und Dämpfe eingelassen werden können. Da er nicht eintrocknen darf, werden die Gase durch eine Waschflasche geleitet, die zur Hälfte mit Wasser gefüllt ist. Der Ruhestrom des verletzten aber sonst ungestörten Nerven geht durch die Elektroden *T* und *L* nach dem Schaltbrett. Das andere (reizende) Elektrodenpaar ist mit einer Induktionsspule verbunden. Ein kreisbogenförmiger Kontakt, der sich einmal in der Minute dreht, vermittelt in Abständen von 1 Minute

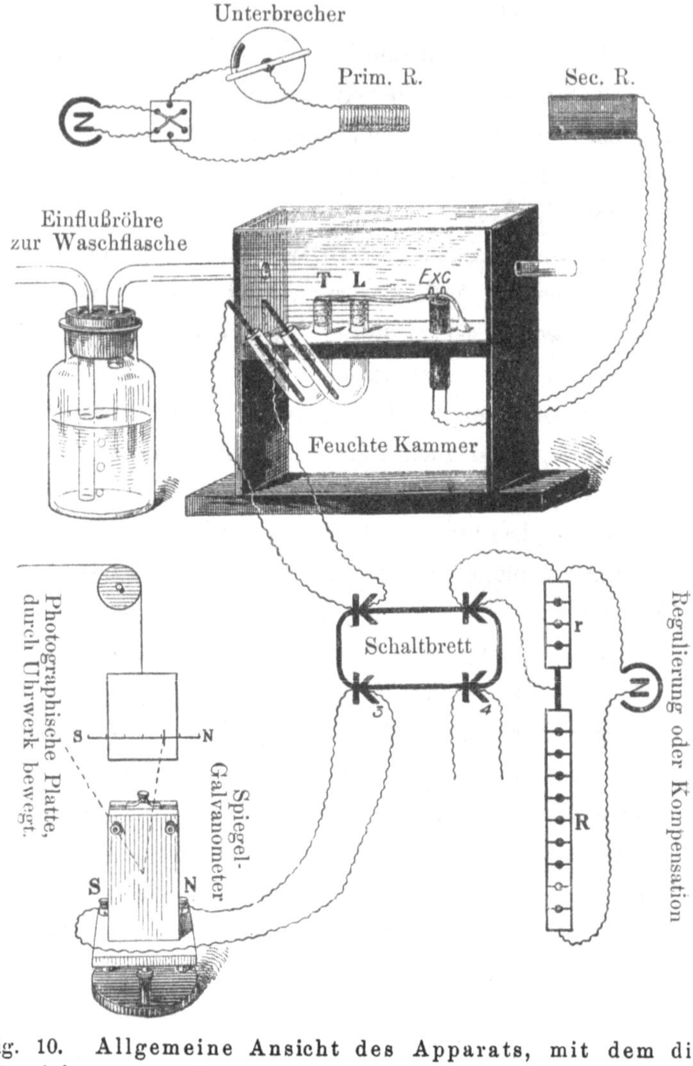

Fig. 10. **Allgemeine Ansicht des Apparats, mit dem die Einwirkung von Reagentien auf die elektrische Reaktion der isolierten Nerven untersucht wurde.**

Erläuterung der Figur 10.

In der feuchten Kammer ruht der Nerv auf zwei unpolarisierbaren Elektroden, die mit K_1 verbunden sind, und zwei Platinelektroden, durch welche er gereizt wird. Die Waschflasche dient dazu, um das Eintrocknen des Nerven zu verhindern und, in gewissen Fällen, um saure Dämpfe aufzuhalten.

Der Reizapparat ist oben abgebildet; der kreisbogenförmige Kontakt im primären Stromkreis dreht sich einmal in der Minute und schließt während $^1/_8$ der Umlaufszeit den Strom am Quecksilbernäpfchen. Der WAGNER'sche Hammer des Induktoriums beginnt zu schwingen, wenn der Stromkreis geschlossen wird, und der Nerv wird auf diese Weise $7^1/_2$ Sekunden tetanisiert mit 70 bis 75 Unterbrechungen in der Sekunde.

Das Schaltbrett besteht aus vier Vorreiberschlüsseln; K_1 ist bei T und L an den Nerv angeschlossen, K_2 an den Rheostaten, K_3 an den Versuchsgalvanometer und K_4 unter Umständen an den Demonstrationsgalvanometer. Wenn alle Schlüssel geschlossen sind, sind sämtliche Verbindungen kurz geschlossen. Das Schaltbrett stellt dann nur einen geschlossenen Leitungsring dar. Öffnet man K_1 und K_3, so verbindet man den Nerven mit dem Galvanometer; öffnet man K_2, so kann man vermittelst des Rheostaten $r\,R$ jede gewünschte Stromstärke bis auf ein Bruchteil eines Volt in den Stromkreis einschalten. Um von einem LECLANCHÉ-Element einen Strom von 0,001 Volt zu erhalten, ist r auf 10 Ohm und R auf 14690 Ohm zu stellen; um einen Polarisationsstrom von 0,01 Volt zu erhalten, ist r auf 100 Ohm und R auf 14600 Ohm zu stellen u. s. w.

Der Galvanometer bewegt sich nach rechts und links von einer beliebig gewählten Ruhestellung. Die Apparate sind so verbunden und angeordnet, daß Ausschläge nach rechts positiven Wirkungen, Ausschläge nach links negativen Wirkungen entsprechen.

Die photographischen Kurven (mit Ausnahme der Figg. 42 und 43) sind so wiedergegeben, daß die positiven (Rechts-) Ausschläge aufwärts, die negativen (Links-) Ausschläge abwärts gerichtet sind.

Demnach ist die negative Schwankung abwärts, die anodischen Ausschläge aufwärts, die kathodischen Wirkungen abwärts abzulesen.

den Reiz, worauf jedesmal eine negative Schwankung des Ruhestroms eintritt. Durch einen Umschalter kann die Richtung des Reizstroms nach Belieben verändert werden.

Das Schaltbrett besteht aus vier Umschaltern oder Schlüsseln. Der erste, K_1, ist mit dem Nerven, der zweite, K_3, mit einem Galvanometer, der dritte, K_2, mit einem Kompensator und der vierte, K_4, mit einem zweiten Galvanometer verbunden.

Wenn alle Schlüssel geschlossen sind, ist das Schaltbrett einfach ein quadratischer Würfel aus Metall. Wird K_1 geöffnet, so tritt der Nervenstrom in den Würfel ein. Öffnet man gleichzeitig K_3, so geht der Nervenstrom aus dem Würfel zum Galvanometer. Nach demselben Prinzip wird beim Öffnen des Schlüssels K_2 ein Aichungsstrom in den Würfel und von dort durch den Nerven und Galvanometer geleitet. Der vierte Schlüssel K_4 kann nach Bedarf mit einem zweiten Galvanometer verbunden werden; wird kein zweiter Galvanometer gebraucht, so bleibt er geschlossen.

Der Galvanometer, dessen wir uns zur Messung der Nervenströme bedienen, besteht im wesentlichen aus einem frei aufgehängten System kleiner Magneten, das an der Rückseite eines leichten Spiegels befestigt ist. Dieser Spiegel reflektiert einen Lichtstrahl auf eine Skala. Der Nervenstrom geht durch eine Spule aus feinem Draht, welcher die Magneten umschließt und ablenkt. Gleichzeitig wird auch der Spiegel abgelenkt, der Lichtstrahl bewegt sich auf der Skala nach rechts und links und zeigt das Maß der Ablenkung. Aus dieser ergiebt sich alsdann die Stärke des Stromes. Ersetzt man nun die Skala durch einen horizontal geschlitzten Schirm, verdunkelt den Raum, in welchem sich der Galvanometer befindet, und stellt eine lichtempfindliche Platte senkrecht hinter dem Schirm auf, so erscheinen sämtliche Bewegungen des Lichtstrahls auf der entwickelten Platte als schwarze Linien auf hellem Grunde; wir haben einen selbstthätig registrierenden Galvanometer.

Es erweist sich als außerordentlich bequem, einen solchen Apparat abgesondert in einer Dunkelkammer fern von allen Drahtspulen, Umschaltern und Menschen aufzustellen und man thut am besten, ihn ganz sich selbst zu überlassen, nachdem er einmal eingestellt und in Gang gebracht worden ist. Um trotzdem zu erfahren, was in der Dunkelkammer vorgeht, verbindet man K_4 mit einem zweiten Galvanometer, an welchem man alles, was geschieht, nach der gewöhnlichen Methode von einer Skala ablesen kann. Die Widerstandsvermehrung durch den zweiten Galvanometer kommt nicht in Betracht; der Widerstand des Nerven zwischen T und L beträgt schon 100 000 Ohm, der des zweiten Galvanometers wird vielleicht 10 000 betragen.

Auf der Figur sieht man den Galvanometer (nebst Spiegel) von hinten und die photographische Platte von vorn. Denkt man sich K_1 und K_3 offen, sodaß der Nervenstrom durch den Galvanometer geht, und verfolgt man den Strom von T nach L, so wird man bemerken, daß er durch den Galvanometer von S nach N geht, während die negative Schwankung $L\ T$ von N

nach S geht. Wenn man ferner die Kurve betrachtet, die ich innerhalb der nächsten halben Stunde hier aufzunehmen gedenke, so leuchtet ein, daß es zweckmäßig ist, die Platte so anzuordnen, daß die Ausschläge nicht nach rechts und links, sondern nach oben und unten erfolgen. Man liest dann die negative Schwankung von oben nach unten und den Strom, zu dem sie sich negativ verhält, von unten nach oben.

Schließlich ist noch der mit K_2 verbundene Apparat zu erwähnen, der zur „Regulierung oder Kompensation" dient. Man wird den Zweck desselben sofort verstehen, wenn man weiß, daß die Stromstärke im Verhältnis zur Spannung und im umgekehrten Verhältnis zum Widerstand zunimmt.

Man denke sich z. B. folgenden Fall. Man hat einen Versuch mit Kohlensäure ausgeführt und konstatiert nach Messung der Kurve, daß der negative Ausschlag vorher 10, nachher 20 beträgt. Der Strom hat sich verdoppelt; ob infolge verdoppelter Spannung oder auf die Hälfte verminderten Widerstandes oder durch das Zusammenwirken beider Veränderungen läßt sich nicht feststellen. Hat man aber als Vergleichspunkt die Probeausschläge bei einer geeigneten bekannten Spannung, so weiß man sofort, woran man ist. Wenn die Probeausschläge vor und nachher gleich sind, so hat sich der Widerstand nicht verändert und die stärkere Ablenkung rührt nur von der Spannung her. Sind sie ungleich, so ergiebt sich daraus die Korrektur für den Widerstand. Wenn z. B. der Probeausschlag von 10 auf 9 heruntergegangen ist, dann bedeutet die Ablenkung

20 eine Spannung von $20 \times \frac{10}{9}$; ist er von 10 auf 12 gestiegen, so bedeutet sie eine Spannung von $20 \times \frac{10}{12}$.

Beim Nerven empfiehlt sich für die Probeausschläge eine Spannung von 0,001 Volt (beim Muskel 0,01 Volt, bei der Netzhaut 0,0001 Volt). Zu diesem Zweck nimmt man, wenn die Spannung des Elements 1 Volt beträgt, 2 Widerstände im Verhältnis von 1 : 999 (und von einer Größe, gegen die der innere Widerstand des Elements nicht in Betracht kommt). Sodann verbindet man das Element mit den beiden Enden des größeren und den Schlüssel K_2 mit den beiden Enden des kleineren Widerstandes. Da nämlich die Potentialdifferenz an den beiden Enden des größeren Widerstandes 1 Volt beträgt, und von Anfang bis zu Ende im Verhältnis zum Widerstand gleichmäßig abnimmt, so ergiebt sich bei einem gegebenen Widerstand zwischen zwei Punkten (z. B. 1 Ohm) eine Spannungsdifferenz zwischen denselben gleich $\frac{1}{1 + 999}$ oder 0,001 der Gesamtspannung zwischen den beiden Enden.

Für unsere Zwecke genügen ein Leclanché-Element (zu 1,45 Volt) und konstante Widerstände (zu 1 und 4550 Ohm), um 0,001 Volt abzuleiten.

Um das Lesen der Tafeln zu erleichtern, erweist es sich als praktisch, die Verbindungen so einzurichten, daß dieser Probeausschlag immer in derselben Richtung stattfindet, und zwar nach links, *S* oder — auf der Skala, d. h. auf der fertigen Kurve nach unten.

Gewöhnlich wird aber die Spannung oder Potentialdifferenz durch Kompensation gemessen und man kann sich zu diesem Zweck der Widerstandskästen r R bedienen. Man hat nur dafür zu sorgen, daß der Strom von r dem Nervenstrom entgegen verläuft und durch wiederholte Versuche denjenigen Wert von $\frac{r}{r+R}$ festzustellen, bei dem kein Strom durch den Galvanometer geht. Hierdurch wird der Nervenstrom kompensiert oder aufgewogen, genau wie auf der Wagschale ein Gewicht durch das andere aufgewogen wird. Denkt man sich den Nervenstrom kompensiert, wenn $\frac{r}{r+R} = 0{,}0010$ ist, und nimmt man das Leclanché-Element zu 1,5 Volt an, so wird die Spannung des Nervenstroms 0,015 Volt betragen.

Es ist bisher üblich gewesen, die Reizveränderungen am Nerven (negative Schwankung etc.) mit Hilfe eines solchen Kompensationsstromes zu beobachten. Bei Beobachtungen am Rheotom ist dies fast immer unerläßlich. Bei unseren Versuchen dagegen halte ich die Anwendung eines Kompensationsstroms für verfehlt. Es begegnen sich dabei im Nerven *(a)* der Nervenstrom von T nach L; *(b)* der Kompensationsstrom von L nach T und die Anode des letzteren befindet sich bei L. Wir werden später sehen, daß ein von außen zugeführter (polarisierender) Strom an seiner Eintrittsstelle oder Anode die Zinkfähigkeit des lebenden Nerven erhöht.[1] Der negative Ausschlag, der durch den Reiz

[1] Siehe unten, das polarisatorische Inkrement. S. 143.

und die bei L erregte Zinkartigkeit bewirkt wird, fällt daher, verstärkt durch das sogenannte polarisatorische Inkrement, ungebührlich groß aus.

Ich behelfe mich also ohne Kompensation und wenn der Nervenstrom so stark ist, daß der Lichtfleck über die Platte oder die Skala hinausgeht, reguliere ich den Ausschlag vermittels eines kontrollierenden Magneten, wie er über dem Gestell der THOMSON'schen Galvanometer angebracht zu sein pflegt.

Wir werden uns der Widerstände r R auch noch zu einem andern Zweck bedienen, wenn wir uns später mit dem polarisatorischen Inkrement beschäftigen. Alsdann wird nämlich die Notwendigkeit eintreten, dem Nerven Spannungen von 0,1, 0,2, 0,3 etc. Volt zuzuführen und wir werden dies bewirken können, ohne die Verbindungen umzuschalten, indem wir einfach die Widerstände ändern.

Die folgenden beiden Versuche sollen die Anwendung der Widerstände veranschaulichen und zugleich den Grundsatz erläutern, daß die Ablenkung (durch den Strom) sich im Verhältnis zur Spannung und im umgekehrten Verhältnis zum Widerstande verändert. Fig. 11 zeigt den Stromkreis; wir brauchen keine neue Anordnung zu treffen, sondern können uns derjenigen auf Fig. 10 bedienen, nachdem wir die überflüssigen Schlüssel K_1 und K_4 geschlossen und nur K_3 und K_2 offen gelassen haben.

Ich nehme r klein und R groß, damit wir R annähernd als den Nenner des Bruches $\frac{r}{r + R}$ ansehen können. Wenn wir *R* zu 100 000 Ohm und *r* nacheinander zu 1, 2, 3, 4 Ohm annehmen, so betragen die Ausschläge 1, 2, 3, 4; d. h. der Strom verändert sich im direkten Verhältnis zur Spannung. Nehmen wir *r* zu 4 Ohm und *R* zu 100 000, 200 000, 300 000, 400 000 an, so sind die Ausschläge 4, 2, $1\,^1/_2$, 1, d. h. wie $1 : {}^1/_2 : {}^1/_3 : {}^1/_4$; mit anderen Worten, der Strom verändert sich im umgekehrten Verhältnis zum Wider-

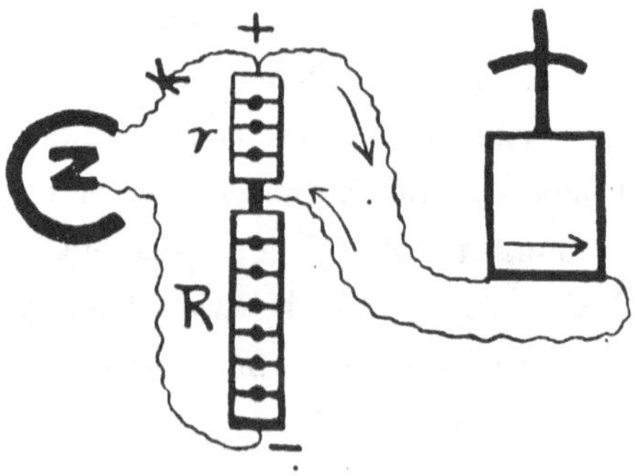

Fig. 11. Kompensator.

stande, ein Beispiel jenes Grundsatzes, der das Ohm'sche Gesetz genannt wird.

Bei dem Galvanometer, den wir hier vor uns haben, sind die Bewegungen der Magneten nur zum Teil gedämpft. Der Lichtfleck schwingt bei jedem Ausschlag hin und her und überschreitet seine Ruhelage mit einer Reihe abnehmender Oszillationen. Viele der vorstehenden Kurven sind mit einem derartigen Galvanometer aufgenommen worden; andere wurden mit einem aperiodischen Apparat aufgenommen, bei dem der Magnet langsam in seine Ruhelage zurückkehrte, ohne zu oszillieren.

Jedes der beiden Instrumente hat seine Vorzüge und Nachteile. Das erste ist empfindlicher und eignet sich besser zur Aufnahme rasch vorübergehender Wirkungen; das zweite ist besser geeignet zur Aufnahme länger anhaltender Wirkungen, weil es sie nicht durch

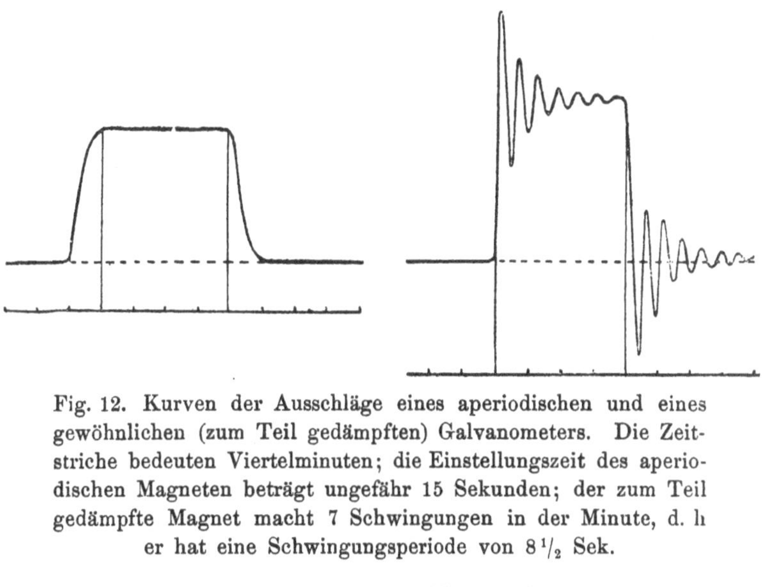

Fig. 12. Kurven der Ausschläge eines aperiodischen und eines gewöhnlichen (zum Teil gedämpften) Galvanometers. Die Zeitstriche bedeuten Viertelminuten; die Einstellungszeit des aperiodischen Magneten beträgt ungefähr 15 Sekunden; der zum Teil gedämpfte Magnet macht 7 Schwingungen in der Minute, d. h er hat eine Schwingungsperiode von $8\,{}^1/_2$ Sek.

Schwingungen kompliziert; bei Nachwirkungen ergänzt eins das andere. Angenommen, die Dauer der Schwingung oder „Periode" des unvollkommen gedämpften Magneten betrage 8 Sekunden und die Amplitude seiner ersten Schwingung sei doppelt so groß wie die der zweiten, d. h. das „Dekrement" betrage 2. Wird nun durch eine 4 Sekunden lange elektrische Veränderung eine Schwingung erzeugt, so tritt bei dem Apparat ein Nachausschlag in der entgegengesetzten Richtung ein, der, sagen wir $\frac{1}{\sqrt{2}}$ oder ungefähr 0,7 der ursprünglichen Schwingung beträgt. Wenn die Veränderung, statt plötzlich aufzuhören, entweder im gleichen Sinne fortbesteht, oder einer entgegengesetzten Wirkung Platz macht, so wird der Nachausschlag entweder abgeschwächt oder verstärkt. Ist diese Abschwächung oder Verstärkung sehr ausgeprägt, so sind wir berechtigt anzunehmen, daß der Zustand des Nerven während der 4 Sekunden unmittelbar nach dem Aufhören des Reizes entweder ähnlich oder ganz anders sein wird, als er während des Reizes war. Man darf nicht zu großen Wert auf geringe Veränderungen legen, aber bei groben Veränderungen, wie auf Figg. 26 und 27, ist ein Doppelsinn ausgeschlossen.

Ganz anders verhält es sich mit einem aperiodischen Magneten, der sich träge bewegt, als befände er sich in einer zähen Flüssigkeit. Die Zeit, die er braucht, um aus einer Ruhelage in die andere überzugehen, ist seine Ausschlags- oder Rückkehrsgeschwindigkeit. Flüchtige Impulse, die er etwa erhalten könnte, gehen verloren; und wenn er am Schluß einer Wirkung in seine Ruhelage zurückkehrt, so geht daraus nicht hervor, ob der Zustand des Nerven vor dem Reiz sich zu dem nach dem Reiz positiv oder negativ verhält. Nur wenn die Nachwirkung im Verhältnis zur Dauer der Rückkehr sehr lange (15 Sekunden) anhält, giebt der Magnet sie zu erkennen und selbst dann erhält man erst Anzeichen der Nachwirkung, nachdem die Rückkehrzeit vorbei ist.

Aber auf diese Weise ergänzen sich die beiden Magneten gegenseitig; beide zeigen den Zustand während des Reizes; der oszillierende Magnet zeigt ihn unmittelbar nach dem Reiz und der aperiodische in einem späteren Stadium.

Nunmehr wollen wir uns einem Gebiet zuwenden, das Ihnen vielleicht geläufiger ist und den besprochenen Apparat dazu benutzen, um die Wirkung von Alkohol, kohlensaurem Wasser und Tabakrauch auf den Nerven einer Prüfung zu unterwerfen.

Der Nerv liegt in der feuchten Kammer auf seinen Elektroden (Fig. 10). Die Waschflasche ist zur Hälfte mit Selterwasser gefüllt, alle Schlüssel sind geschlossen und der Lichtfleck des Galvanometers ruht auf Null. Öffne ich nun den Schlüssel K_1 (der den Strom aus dem Nerven ableitet), und K_3 (der zum Galvanometer führt), so bewirkt der Ruhestrom des verletzten Nerven von T nach L, daß der Fleck quer über die halbe Skala ausschlägt. Um zu erfahren, wie groß die Spannungsdifferenz zwischen T und L ist, welche diesen Strom erzeugt, öffne ich den Schlüssel K_2, der die Verbindung mit dem Kompensator herstellt und konstatiere, daß 0,001 Volt einen Ausschlag von 1 Grad ergiebt. Da der Ruhestrom einen Ausschlag von 8 Grad bewirkte, so entsteht er also durch eine Spannung von 0,008 Volt. Nun reize ich den Nerven und betrachte seine negative Schwankung. Sie ist ziemlich ausgeprägt, etwa $1\,^1/_2$ Grad, d. h. 0,0015. Jetzt kommt die Kohlensäure an die Reihe. Ich lasse während einer Minute

Luft durch das Selterwasser in die feuchte Kammer eintreten. Der erste Ausschlag nach der Dosis ist ziemlich unverändert; aber nach einer Minute hat er bedeutend zugenommen und nach der dritten Minute beträgt er ungefähr das Doppelte. Ist dieser größere Ausschlag auf erhöhte Spannung oder auf verminderten Widerstand zurückzuführen? Die Probespannung von 0,001 Volt, die durch den Schlüssel K_2 in den Stromkreis eingeführt wird, bleibt unverändert. Folglich handelt es sich nicht um verminderten Widerstand, sondern um erhöhte Spannung.

Wenn man an einem zweiten Nerven denselben Versuch mit Tabak ausführt, erhält man genau dasselbe Resultat in noch ausgeprägterer Form. Sowohl Tabak wie Selterwasser sind Reizmittel.

Zum Schluß will ich noch die Wirkung starken Alkohols erproben, dessen Dämpfe ich wie zuvor in die feuchte Kammer einlasse. Der Nerv hört sofort auf zu reagieren. Er scheint tot zu sein; in Wirklichkeit ist er aber nur „sinnlos berauscht"; ich zweifle nicht, daß er sich binnen wenigen Stunden, spätestens bis morgen früh, vollständig erholt haben wird.

Betrachten wir nun das Ergebnis dieser drei Versuche, die absichtlich gewählt worden sind, um den Gedanken zu erläutern, den ich in meiner letzten Vorlesung hervorhob, daß nämlich lebende Materie in Gestalt eines Nerven geeignet sein könnte, uns Aufschlüsse über die Wirkung von Reagentien auf den lebenden Organismus zu geben. Selterwasser wirkt offenbar auf Grund seines Gehalts an Kohlensäure; aus demselben

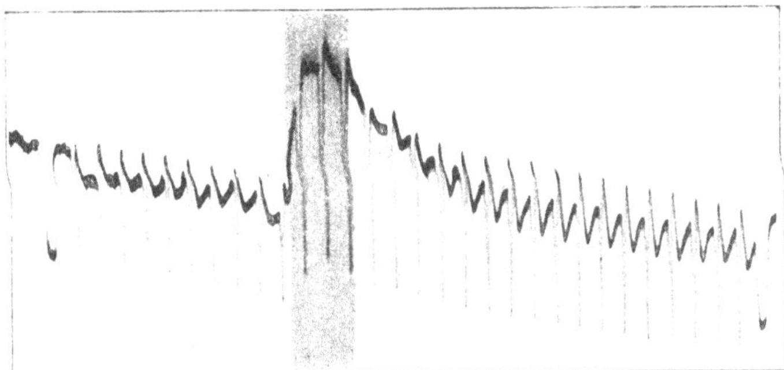

Fig. 13 (2466). Wirkung von Selterwasser auf die elektrischen Reaktionen des isolierten Nerven. Der senkrechte dunkle Streifen bezeichnet den Zeitraum, während dessen das Selterwasser auf den Nerven einwirkt. Die Ausschläge am Anfang und Ende der Serie sind Probeausschläge bei einer Spannung von 0,001 Volt.

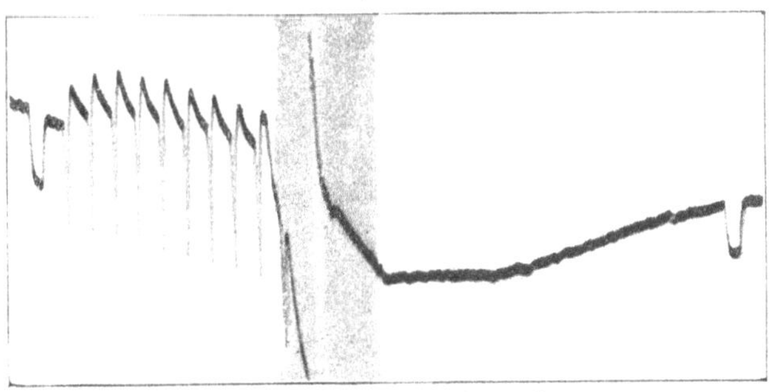

Fig. 14 (2464). Wirkung von Alkoholdampf (Äthylalkohol C_2H_6O.)

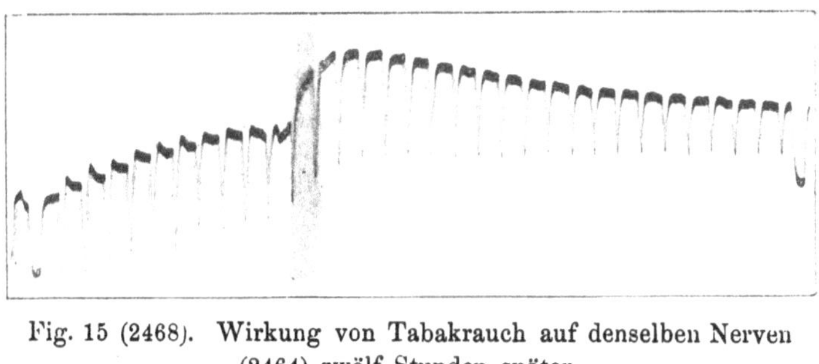

Fig. 15 (2468). Wirkung von Tabakrauch auf denselben Nerven (2464) zwölf Stunden später.

Grunde wirkt wahrscheinlich auch der Tabakrauch, obgleich ich die Mitwirkung anderer Bestandteile des Tabaks nicht bestreiten will, da ich seine Wirkung noch nicht beobachtet habe, wenn ihm die Kohlensäure entzogen ist.

Der Alkohol (ich meine Äthylalkohol C_2H_6O; auf andere Alkohole werden wir später zurückkommen) wirkt, so wie wir ihn anwendeten, stark lähmend. Wären wir sehr behutsam vorgegangen, so hätten wir auch die vorausgehende Erregung wahrnehmen können. Über den Vorgang selbst vermag ich nichts Bestimmtes auszusagen; möglicherweise wirkt er dadurch, daß er dem Nerven Wasser entzieht. Alkoholdämpfe, große Trockenheit und, beiläufig gesagt, auch Blausäure, haben alle drei sehr ähnliche Wirkungen — ein Umstand, den sich die Mäßigkeitsvereine zu Nutzen machen könnten. Freilich müßten sie verschweigen, daß reines Wasser unmittelbar tödlich auf den Nerven wirkt. Wir kommen hier zu einem Punkt, wo der Nerv sich von dem Gesamtorganismus unterscheidet; reines Wasser ist für den menschlichen Körper keineswegs so schädlich, wie für seine einzelnen Gewebe.

Unter den verschiedenen oben erwähnten Substanzen ist die Kohlensäure die weitaus interessanteste. Es ist vielleicht schade, daß ich ihr so früh im Laufe meiner Untersuchungen in die Hände fiel, denn ihre Reize waren so groß und die Fingerzeige, die sie gewährte, so vielsagend und doch so geheimnisvoll, daß sie meine ganze Zeit in Anspruch nahm und mich daran verhinderte, so viele Reagentien einer oberflächlichen Durchsicht zu unterziehen, wie ich eigentlich gewünscht hätte und wie es in den Anfangsstadien einer Untersuchung notwendig ist, um tiefer und gründlicher in die Wirkungsweise einzelner ausgewählter Substanzen einzudringen.

Zieht man indessen in Betracht, daß die Kohlensäure eines der beiden Hauptzersetzungsprodukte aller lebenden Materie ist — der Träger des durch den Atem aus dem Organismus ausgeschiedenen Kohlenstoffs; daß sie mit unverkennbarer Deutlichkeit Wirkungen hervorbringt, die wir a priori hätten voraussagen können, wenn wir eine regere Einbildungskraft besäßen; bedenkt man ferner, daß wir mit Hilfe dieser Thatsachen auf das Vorhandensein und das Wesen physikalischer Veränderungen innerhalb des Nerven selbst schließen dürfen und diese Schlüsse durch objektive Versuche prüfen können, so kann ich es nicht bedauern, daß für eine nur annähernd gründliche Untersuchung der Kohlensäure soviel Zeit erforderlich war. Schließlich sind auch zwei Jahre nicht viel, aber die Untersuchung ist noch lange nicht beendet.

Ehe ich auf eine nähere Analyse eingehe, möchte ich zunächst auf zwei Beobachtungen hinweisen, welche die regelmäßige und typische Wirkung der Kohlensäure auf den Nerven veranschaulichen. Die erste der beiden Figuren zeigt, daß Kohlensäure in kleinen Mengen als „Reizmittel“ wirkt, die zweite, daß sie in großen Mengen lähmend wirkt. In der That ist die

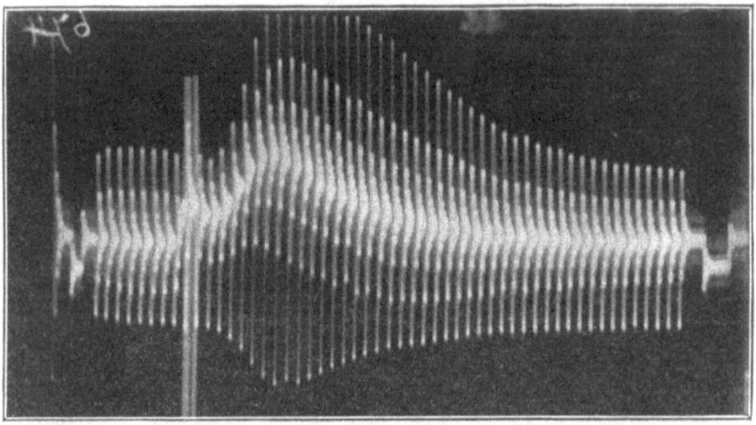

vorher Kohlensäure nachher

Fig. 16 (674). Wirkung einer „schwachen" Dosis Kohlensäure. Primäre Erregung.

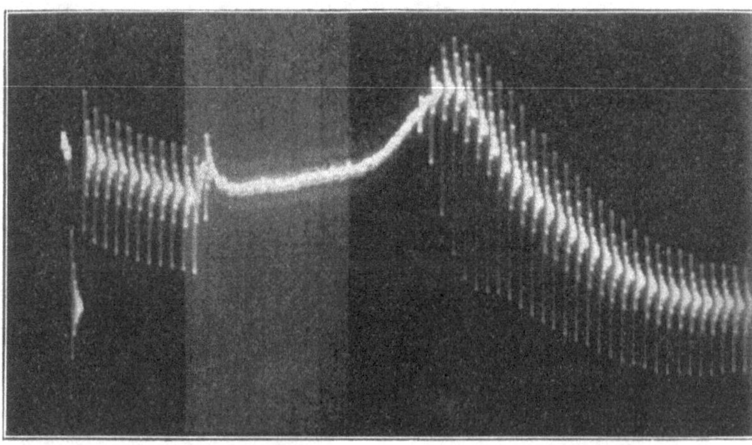

vorher Kohlensäure nachher

Fig. 17 (627). Wirkung einer „starken" Dosis Kohlensäure. Vollständige Anästhesie mit darauffolgendem Excitationsstadium.

Kohlensäure ein typisches Anästhetikum; sie regt an, wenn sie schwach wirkt (Fig. 16), und lähmt, wenn sie stark wirkt (Fig. 17).

Es ist vielleicht nicht unangebracht, wenn ich mir an dieser Stelle eine kleine Abschweifung erlaube, um einige Worte über die Stellung der Kohlensäure im Haushalt der lebenden Materie zu sagen und vielleicht Ihre Vorstellungen über die Funktion des Atmens zu erweitern. Vor einigen Jahren belauschte ich zufällig in einem Gewächshause ein Gespräch zwischen einem jungen Herrn und einer jungen Dame. Sie sprachen über Pflanzen und die beiden jungen Herrschaften (sie standen noch im zarten Alter von 9 und 8 Jahren) vertraten auffallend typische Standpunkte. Der Knabe sagte: „Natürlich atmen die Pflanzen; wie sollten sie sonst leben?“ Das Mädchen antwortete: „Natürlich atmen die Pflanzen nicht; sie haben ja keine Lungen.“ Ich brauche wohl kaum zu sagen, daß das Mädchen Recht behielt; aber der Knabe hatte Recht und verriet meiner Ansicht nach eine überlegene Einbildungskraft. Wir atmen durch unsere Lungen; und unsere sämtlichen näheren Bekannten aus der Tierwelt gleichfalls. Aber die Fische atmen durch Kiemen, die Pflanzen durch ihre Blätter und das Protoplasma, dem gesonderte Teile oder Organe abgehen, atmet durch direkten Austausch mit der Luft. Bei dem tierischen Organismus, dessen lebende Teilchen gegen die Atmosphäre abgeschlossen sind, vermitteln die Lungen oder Kiemen, das Herz und die Blutgefäße diesen Austausch zwischen dem Protoplasma und der

Luft. Das Protoplasma nimmt also, direkt oder indirekt, den Sauerstoff aus der Luft entgegen und giebt dafür Kohlensäure an sie ab. Dies ist das wesentliche; die Atmungswerkzeuge und die Organe des Blutumlaufs sind nur nebensächliche Komplikationen.

Es ist gesagt worden, Atmen sei nur „langsames Verbrennen". Schon vor anderthalb Jahrhunderten, fünfzig Jahre früher als PRIESTLEY den Sauerstoff entdeckte und LAVOISIER's Schule die Identität zwischen Atmung und Verbrennung nachwies, zeigte BLACK, daß das endgültige Produkt beider Vorgänge dasselbe sei. Und wenn man festhält, daß die durch Atmung erzeugte Kohlensäure (übrigens auch die durch Verbrennung erzeugte) nicht das Produkt einer direkten Oxydation ist — daß Kohlenstoff und Sauerstoff sich nicht in der Lunge, dem Blut oder den Geweben so zu sagen begegnen und einander unmittelbar die Hände reichen, um gemeinschaftlich ihre Wanderung fortzusetzen — dann darf man wohl auch heute noch den Satz gelten lassen, daß Atmung langsame Verbrennung ist. Die aufgenommene Sauerstoffnahrung — denn Sauerstoff ist eine Nahrung, die wir nötiger brauchen als Wasser, Brot und Fleisch — entzieht sich zunächst unsern Augen als ein Mitglied jener geheimnisvollen Atomgesellschaft, die wir „Eiweißstoffe" nennen.[1] Diese können Lebensthätigkeit entfalten, werden dabei verzehrt und verleihen dem Körper Bewegung, die der Ausdruck

[1] Vielleicht sagen wir besser „Inogen", um die streitige Frage zu umgehen, ob die krafterzeugende Verbindung, die sich zersetzt, ein Eiweiß- oder ein Kohlenwasserstoff ist.

des Lebens ist, Wärme, das sine qua non seiner Thätigkeit, und Kohlensäure, das äußere Zeichen und Maß derselben.

Unmittelbar vor der physiologischen Thätigkeit findet eine chemische Veränderung statt — eine Zersetzung des „Inogen", aus der schließlich als eines der Endprodukte Kohlensäure hervorgeht. Lebendes Gewebe verhält sich reduzierend gegen das sauerstoffhaltige Blut, von dem es durchströmt wird; es wirkt oxydierend und aufbauend in bezug auf das Inogen, dessen es selbst zu seiner Arbeitsleistung bedarf, desoxydierend und zersetzend in bezug auf das Inogen, das es verbraucht. Es ist ein volkswirtschaftlicher Grundsatz, daß Einfuhr und Ausfuhr einander gleich sein müssen; ein ähnlicher Grundsatz gilt auch für den tierischen Organismus oder irgend einen seiner Teile, der sich in seinem physiologischen Gleichgewicht erhalten soll. Wenn ein Muskel Arbeit leistet und dabei nicht abnimmt, so muß ihm ebensoviel Kohlenstoff und Sauerstoff zugeführt werden, als er verausgabt. Der Aufbau muß die Zersetzung wieder herstellen. Und obgleich zweifellos während einer gesteigerten Thätigkeit die Zersetzung, und während der nachher eintretenden Ruhe der Wiederaufbau beschleunigt ist, darf man sich diese beiden einander entgegengesetzten Vorgänge doch nicht als vollständig unabhängig und getrennt von einander vorstellen. Es sind vielmehr Begleiterscheinungen eines einzigen verwickelten Vorganges, des Stoffwechsels, wenn auch offenbar der negative Zersetzungsprozeß bei der Thätigkeit, und der positive Widerherstellungsprozeß bei der Ruhe vorwiegt.

Werfen wir einen Blick auf die elektrische Äußerung der Nerventhätigkeit, so finden wir dieselben beiden entgegengesetzten Vorgänge gleichsam wiedergespiegelt durch das Verhalten des Stroms vor und nach der Thätigkeit. Während der Thätigkeit ist die Wirkung negativ, nachher ist sie positiv. Hierzu wäre noch zu bemerken, daß bei gewissen Zuständen des Nerven sogar während der Thätigkeit eine positive Wirkung eintritt, was möglicherweise bedeutet, daß während der Thätigkeit die rekonstruktive Wirkung stärker sein kann als die zersetzende. Aber wie dem auch sei, bei der empirischen Untersuchung von Reagentien wird sich zeigen, daß diese positive Schwankung einige recht bedeutsame Thatsachen zu der Beweisführung beiträgt, auf die ich im folgenden einzugehen gedenke.

Kurz zusammengefaßt haben wir also als Grundlage für unsere weiteren Forschungen drei Hauptwirkungen am Nerven in der auf Fig. 10 dargestellten Anordnung zu untersuchen.

1. Die negative Schwankung von du Bois-Reymond, welche durch eine zersetzende Thätigkeit bei L bewirkt wird.

2. Die positive Sekundärschwankung von Hering, welche durch einen rekonstruktiven, chemischen Vorgang bei L bewirkt wird.

3. Die positive Schwankung, die nur bei gewissen Zuständen des Nerven eintritt und vielleicht davon

herrührt, daß der aufbauende chemische Vorgang stattfindet, während die Thätigkeit bei L gesteigert ist.[1]

Im ersten Fall besteht bei L Zinkartigkeit, Reduktion des Inogen, Ausscheidung von Kohlensäure, saure Reaktion.

Im zweiten und möglicherweise auch im dritten Fall besteht bei L Zinkartigkeit, Oxydation des Inogen, Entsäuerung.

Vorläufig bin ich jedoch außer stande, die Vorgänge irgendwie sicher zu deuten, und werde mich daher jedes Versuchs zu einer Erklärung enthalten. Vielmehr möchte ich nur die einfache Thatsache hervorheben, daß der Nerv ein ganz ungewöhnlich empfindliches Reagens für Kohlensäure ist. Sie sehen hier einen frischen Nerven, der nichts weniger als lebhaft reagiert; ich brauche nur in seine Kammer hineinzuatmen, so hebt sich die Reaktion binnen 2—3 Minuten zusehends, eine Wirkung der in meinem Atem enthaltenen Kohlensäure. Der Nerv ist für Kohlensäure das weitaus empfindlichste Reagens, das ich kenne. Befindet er sich nur 1—2 Minuten in einer Röhre von einem Kubikcentimeter Inhalt, die 1 % Kohlensäure enthält, so verändert er sich unverkennbar. Er reagiert in dieser Weise auf 0,01 ccm (oder ungefähr 0,02 mg) und damit ist die Grenze jedenfalls noch nicht erreicht.

---

[1] Die möglichen Veränderungen bei T sind nicht mitgerechnet; es giebt indessen Gründe für die Annahme, daß die negative Schwankung oft die Summe zweier homodromer Vorgänge ist, der zinkartigen Wirkung bei L und der entgegengesetzten Wirkung bei T.

Zum Schluß lasse ich noch die vollständige Kurve eines solchen Versuchs folgen, wie der, dessen ersten Stadien wir soeben beiwohnten. Die Platte 598 (Fig. 18) zeigt die Wirkung ausgeatmeter Luft während einer Beobachtungszeit von ungefähr 40 Minuten. Die Ausschläge auf der linken Seite des hellen Streifens sind für den betreffenden Nerven normal; der helle Streifen be-

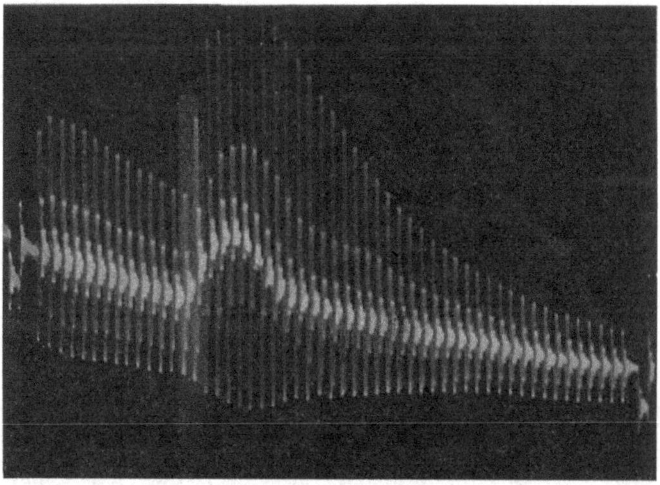

Fig. 18 (598). Wirkung ausgeatmeter Kohlensäure (Reizung durch eine „geringe Dosis" Kohlensäure).

zeichnet das Hinzutreten der ausgeatmeten Luft; und die folgenden 20—30 Ausschläge zeigen den veränderten Zustand des Nerven während der nächsten 20—30 Minuten. Die ausgeatmete Luft enthielt 3 % Kohlensäure und wurde während 2 Minuten in die feuchte Kammer eingelassen.

Durch andere Versuche wurde festgestellt, daß die Veränderung weder der veränderten Temperatur noch irgend einem anderen Bestandteil der ausgeatmeten Luft außer der Kohlensäure zuzuschreiben sei. Es ist somit erwiesen, daß der Nerv außerordentlich empfindlich für Kohlensäure ist, und diese Thatsache soll der Ausgangspunkt zu unsern weiteren Versuchen werden.

Litteratur.

Den auf S. 51 ausgeführten Gedanken einer „Gewebsatmung", der funktionellen Eigenschaft jedes Protoplasmas, im Gegensatz zu der „Lungenatmung", dem äußerlichen mechanischen Mittel, entwickelt CLAUDE BERNARD in *Leçons sur les Phénomènes de la Vie communs aux animaux et aux végétaux,* 2. Bd., Paris 1879. Die Anschauung von einem doppelten Vorgange beim Stoffwechsel lebenden Gewebes, den man als Analyse und Synthese, Zersetzung und Wiederaufbau, Dissimilation und Assimilation oder progressive und regressive Metamorphose bezeichnet, wird gleichfalls ausführlich entwickelt von CLAUDE BERNARD in den *Phénomènes de la Vie,* 2. Bd., von HERING in „*Lotos*", IX, 1888: *Zur Theorie der Vorgänge in der lebendigen Substanz,* und von dem besonderen Gesichtspunkt der elektrischen Erscheinungen aus, von HERING's Schüler BIEDERMANN in mehreren seiner *Elektrophysiologie* einverleibten Schriften.

Die Wirkung der Kohlensäure auf die negative Schwankung wurde zuerst beschrieben in *Brain,* 1896, S. 43; eingehender in *Phil. Trans. Royal Soc.*, 1897, und ist kürzlich bestätigt worden von BORUTTAU (PFLÜGER's *Archiv* LXVIII, S. 351. 1897. *Centralblatt für Physiologie,* 1898. S. 317).

Dritte Vorlesung.

Über die Entstehung von Kohlensäure im tetanisierten Nerven. Hypothese und Versuch. Drei Stadien. Ein Vergleich zwischen den Wirkungen der Kohlensäure und des Tetanus. Welche Richtung die weitere Forschung einzuschlagen hat. Bedeutung der „Treppenkurve“. Summation. Bahnung.

Verhältnismäßig früh im Laufe dieser Versuche — im Oktober 1895 — zeigten die Nerven, mit denen ich mich beschäftigte, einige rätselhafte Reaktionserscheinungen, die mir anfangs viel Not und Aufenthalt verursachten. Die Nerven boten mir „Schach“, ganz ähnlich wie sie mir auch jetzt (im Monat Februar) wieder Schach bieten. Meine Verzweiflung über ihr unerklärliches Benehmen erreichte ihren Höhepunkt am 27. Oktober mit der Platte 672 und verschwand am Abend desselben Tages mit dem Erscheinen der Platte 675.

Ich möchte die Geschichte dieser Platten hier erzählen, weil sie eine Erscheinung charakterisiert, die bei wissenschaftlichen Arbeiten so häufig ist, daß sie fast als Regel gelten kann; daß nämlich ein solches Schach mitten in einer sonst glatt verlaufenden Untersuchung, trotzdem es anfangs hinderlich erscheint, eigentlich als der verkappte Vorbote irgend einer unverhofften Erkenntnis freudig begrüßt werden sollte.

Ich hatte unternommen, einem Bekannten die Reizwirkung der Kohlensäure zu zeigen und dabei versichert, daß der Versuch unfehlbar gelänge. Nun hatte ich früher die Beobachtung gemacht, daß, wenn man einen Frosch tötet und seine beiden Hüftnerven nacheinander benutzt, der zweite Nerv stets eine größere Schwankung zeigt als der erste. Ferner hatte ich bemerkt, daß, wenn der Nerv zwölf Stunden in dem toten Frosch gelegen hat, die Schwankung ungewöhnlich

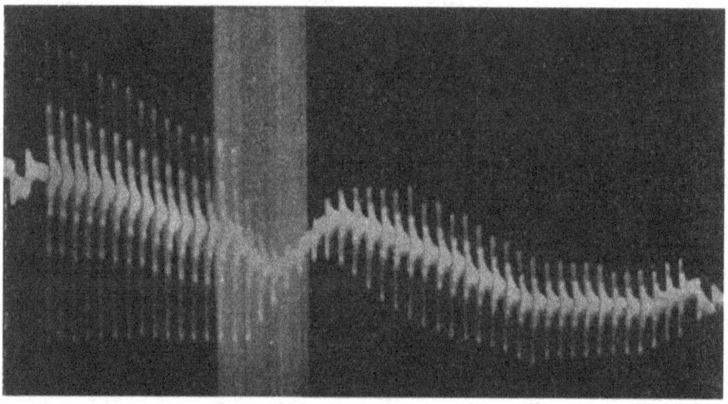

Fig. 19 (672). Wirkung der Kohlensäure auf einen „mit Kohlensäure vergifteten" Nerven, d. h. einen Nerven, der während 24 Stunden dem reduzierenden Einfluß der umgebenden Muskeln ausgesetzt gewesen ist.

groß, etwa vier- bis fünfmal größer als sonst ausfällt. Aber ich hatte noch niemals die Wirkung der Kohlensäure auf einen solchen Nerven erprobt.

Um nun eine möglichst klare Demonstration zu erzielen, beschloß ich mit einer kräftigen Schwankung anzufangen und wählte einen Nerven, der zwölf Stunden im toten Frosch gelegen hatte. Zu meinem nicht geringem Verdruß erhielt ich die Kurve auf Platte 672

(Fig. 19). Die Reizwirkung war auffallend klein und mein Freund wartete nicht einmal den Schluß des Versuchs ab, denn ich erinnere mich, daß die Kurve die ich Ihnen in der letzten Vorlesung vorlegte (Fig. 16, Platte 674), unmittelbar nach seinem Fortgehen von einem frischen Nerven aufgenommen wurde.

Später am Tage kam ich auf diesen Mißerfolg (den ersten, der mir widerfahren war) zurück. Daß mit dem Nerven in bezug auf sein Verhalten gegen die Kohlensäure eine Wandlung vorgegangen war, leuchtete ein. Die lähmende Wirkung mußte von den umgebenden Muskeln ausgegangen sein, und Kohlensäure war jedenfalls im Spiel. Aber war es nur die Kohlensäure der Muskeln oder auch Kohlensäure aus dem Nerven? Wer sollte das entscheiden und wie? Hierauf mußte ich zunächst die Antwort schuldig bleiben. Dagegen lag es auf der Hand, zu fragen, ob die gesteigerte Nerventhätigkeit von einer gesteigerten Kohlensäureproduktion begleitet sei oder nicht; und diese Frage konnte sofort durch den Versuch erledigt werden, da ja der Nerv ungewöhnlich fein auf die von außen hinzutretende Kohlensäure reagiert. Wie wir soeben gesehen haben, bewirkt eine sehr kleine Menge ausgeatmeter Luft auf Grund eines Kohlensäuregehaltes, der viel zu gering ist, um durch gewöhnliche Mittel chemisch nachgewiesen zu werden, eine große Veränderung der elektrischen Reaktion (siehe Fig. 18). Wenn also irgend eine Veränderung in dem tetanisierten Nerven vorginge, ja wenn sich nur eine einzige Kohlensäuremolekel darin bildete, so müßte diese charakteristische Reaktion eintreten. In diesem Sinne plante ich folgenden Versuch. Man nimmt ungefähr fünf normale Ausschläge auf, tetanisiert dann den Nerven ununterbrochen während fünf Minuten und nimmt hierauf wieder einige Ausschläge auf. Hat sich inzwischen auch nur eine einzige Kohlensäuremolekel innerhalb des Nerven gebildet, so wird eine verstärkte Reaktion

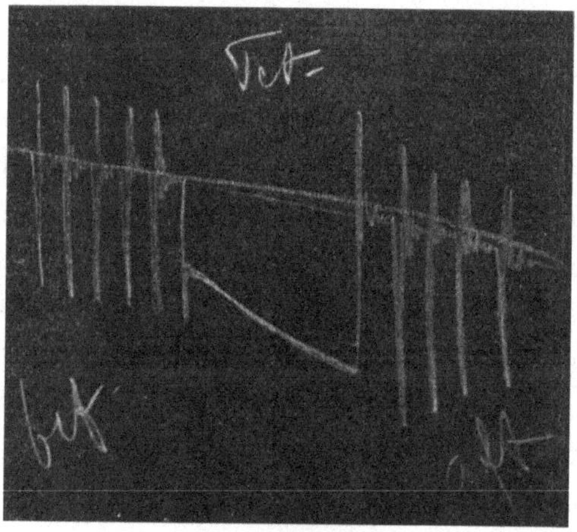

Fig. 20. Hypothese.

erfolgen und mit dem Verschwinden der Kohlensäure von Minute zu Minute abnehmen.

Zur Veranschaulichung dieser etwas übertrieben ausgedrückten Schlußfolgerung hatte ich auf der Tafel obige Skizze entworfen (Fig. 20). Der schräge Kreidestrich, der den Zustand während des beabsichtigten Tetanus darstellen soll, senkt sich abwärts, um auszudrücken, daß, während sich die Kohlensäure in der gedachten Weise fortschreitend entwickelt, eine allmählich zunehmende negative Schwankung erfolgt, die eine allmählich zunehmende Abweichung von der Grundlinie verursacht. So lautete die Voraussetzung; als ich aber eine Stunde später die Kurve der Platte 675 (Fig. 21) beim Entwickeln auftauchen sah, bemerkte ich nicht ohne Staunen, daß die größere Regelmäßigkeit der einzige Punkt war, in dem sich

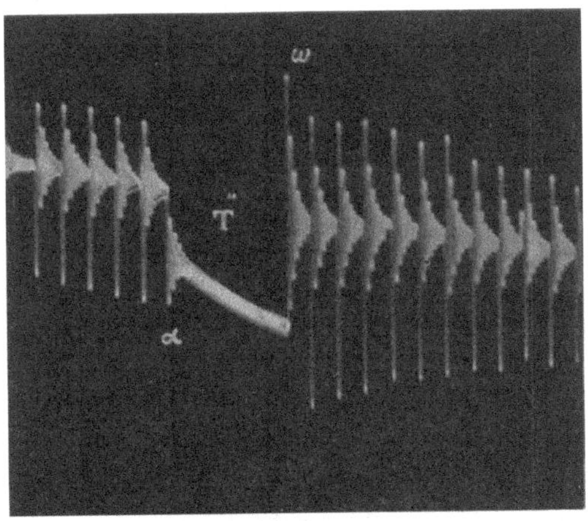

Kohlensäure von innen

Fig. 21 (675). Bestätigung.

die selbstthätig aufgezeichnete Kurve von meiner flüchtigen Kreideskizze unterschied.

Ein Beweis ist dies zwar noch nicht, aber es kommt einem solchen doch sehr nahe. Und da bisher keine chemischen oder physikalischen Veränderungen im tetanisierten Nerven beobachtet worden sind, scheint es mir kaum der Mühe wert, den Einwand zu widerlegen, daß nicht Kohlensäure, sondern „sonst irgend etwas" die Wirkung verursacht habe.

Überdies wiederholte sie sich unter einer ganzen Reihe verschiedener Umstände.

Ehe wir jedoch diese weiteren Beweise richtig würdigen können, müssen wir einen Abstecher machen, dessen Inhalt einerseits rein theoretisch, andererseits aber auch empirisch ist, insofern er von denjenigen Wirkungen handelt, welche die von außen zugeführte und wahrscheinlich innerlich entwickelte Kohlensäure auf den Nerven ausübt.

Die typische elektrische Wirkung der Reizung

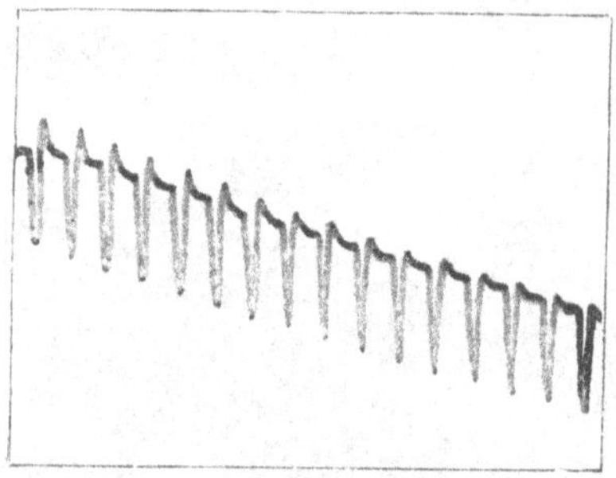

Fig. 22 (2177).

eines frisch präparierten Nerven ist die negative Schwankung von du Bois-Reymond. Die kaum minder typische Nachwirkung ist die positive Nachschwankung von Hering. Nach der Erregung ist der elektrische Zustand des Nerven eine kurze Zeit lang das Umgekehrte von dem während der Erregung; da wir diesen „negativ" nennen, so müssen wir den ersteren als „positiv" bezeichnen. Typisch ist z. B. obige mit einem vollkommen aperiodischen Magneten aufgenommene Serie negativer Wirkungen mit positiven Nachwirkungen; die ersteren bleiben gleich stark, die letzteren nehmen fortschreitend ab. In dieser fortschreitenden Abnahme werden wir demnächst eine charakteristische Einwirkung der Kohlensäure zu erkennen haben — doch ich greife vor.

Die positive Nachschwankung tritt mehr oder weniger deutlich auf; in der Regel ist sie bei einem Nerven, der nicht mehr ganz frisch ist, oder der bei früheren Versuchen gelitten hat, am ausgeprägtesten. Zuweilen fällt sie so stark aus, daß sie die vorhergehende negative Wirkung weit übertrifft. Der Bequemlichkeit wegen sage ich von einem solchen Nerven, daß er sich im zweiten Stadium befindet, d. h. er ist weder vollkommen frisch, noch sichtlich abgespannt, er befindet sich in einem Übergangsstadium.

Endlich kommt es zwar nicht gerade häufig, aber doch auch nicht selten vor, daß sogar während der Reizung eine positive elektrische Wirkung eintritt, die ich als charakteristisch für einen abgespannten oder durch frühere Versuche angegriffenen Nerven anzusehen geneigt bin. Diese Wirkung pflegt in mehr oder weniger ausgeprägter Weise als Nachwirkung fortzubestehen und macht während der ersten Sekunden nach der Reizung selten einem negativen Zustand Platz. Auf diesen letzteren Punkt lege ich indessen kein Gewicht; überhaupt mache ich nur aus Bequemlichkeitsrücksichten folgende, zunächst rein empirische Einteilung in drei Stadien: 1) das frische, 2) das Übergangsstadium und 3) das Stadium der Abspannung, als deren charakteristische Merkmale anzusehen sind: 1) eine negative Wirkung, 2) eine positive Nachwirkung und 3) eine positive Wirkung.[1]

Wir wollen nun eine Reihe von Nerven untersuchen, die je nach ihrer Beschaffenheit eine der drei oben angeführten Typen elektrischer Reaktion repräsentieren und festzustellen suchen, in welcher Weise ihre Reaktionen durch die Einwirkung von Kohlensäure beeinflußt werden.

Die Veränderungen, denen der frische Nerv unterliegt, haben wir bereits wahrgenommen; die negative

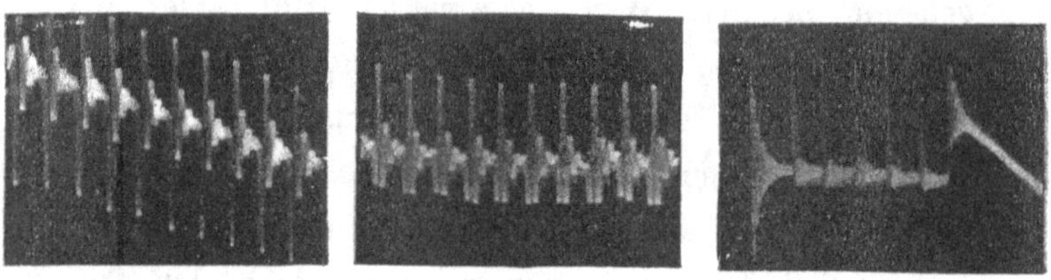

I. II. III.

Fig. 23.

Schwankung nimmt zu. Weniger sicher treten die Veränderungen am unfrischen oder abgespannten Nerven ein, namentlich an letzterem; man erhält nicht unfehlbar eine Schwankung von der gewünschten Art, und selbst, wenn man sie erhält, kann man nicht sicher voraussagen, welchen Erfolg der Eingriff haben wird. Zudem ist diese Jahreszeit (Februar) die ungünstigste für derartige feine Versuche.

Aber die Aufnahmen von früheren Versuchen haben denselben Wert wie die Versuche selbst und die Bei-

[1] An anderer Stelle habe ich ausgeführt, was nicht hierher gehört, daß nämlich die oben erwähnte positive Wirkung nicht durch einen gewöhnlichen anelektrotonischen Strom erzeugt worden ist.

spiele aus der zweiten Vorlesung, auf welche ich jetzt zurückkommen werde, sind das typische Resultat von mehreren hundert Versuchen, deren Kurven sämtlich katologisiert sind und jederzeit eingesehen werden können.

Fig. 26 zeigt die Wirkung der Kohlensäure auf einen Nerven im zweiten Stadium. Die negative Wirkung ist vermehrt, die positive Nachwirkung vermindert.

Fig. 28 zeigt die Wirkung der Kohlensäure auf einen Nerven im dritten Stadium. Die positive Wirkung ist aufgehoben und durch eine negative ersetzt.

Fig. 30 zeigt nochmals, diesmal aber minder ausgeprägt, die Wirkung auf einen Nerven im dritten Stadium. Die positive Wirkung ist vermindert.

Man vergleiche nun diese drei typischen und charakteristischen Wirkungen der Kohlensäure mit den Wirkungen, welche anhaltende künstliche Thätigkeit auf denselben oder doch wenigstens auf einen ähnlich beschaffenen Nerven ausübt. Man wird erkennen, daß in jedem einzelnen Fall die Thätigkeit und die Kohlensäure eine ähnliche Wirkung haben. Zieht man den Umstand in Betracht, daß die Thätigkeit, wie wir a priori vermuteten, wahrscheinlich Kohlensäure erzeugt, so ist man wohl berechtigt, anzunehmen, daß diese ähnlichen Wirkungen auf eine gemeinsame Ursache zurückzuführen sind; nämlich bei der einen Serie auf die bekannte Kohlensäure, die von außen zugeführt wird; bei der zweiten Serie auf die bisher noch nicht bekannt gewesene Kohlensäure, die sich innerlich entwickelt. Der Nerv selbst dient als Reagens, um das Vorhandensein dieser letzteren anzuzeigen.

Erstes Stadium.

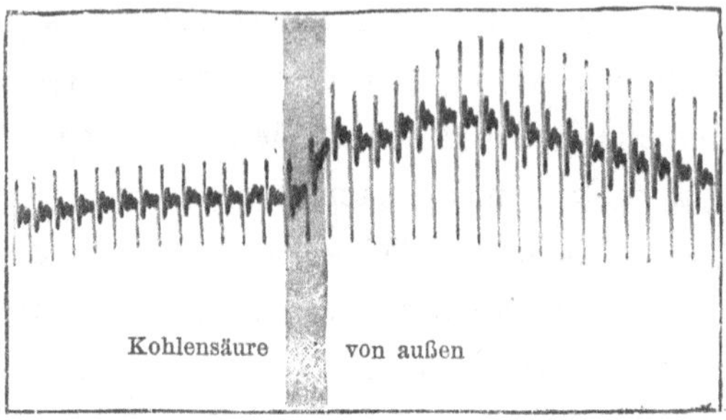

Fig. 24 (869). Vermehrte negative Wirkung.

Zweites Stadium.

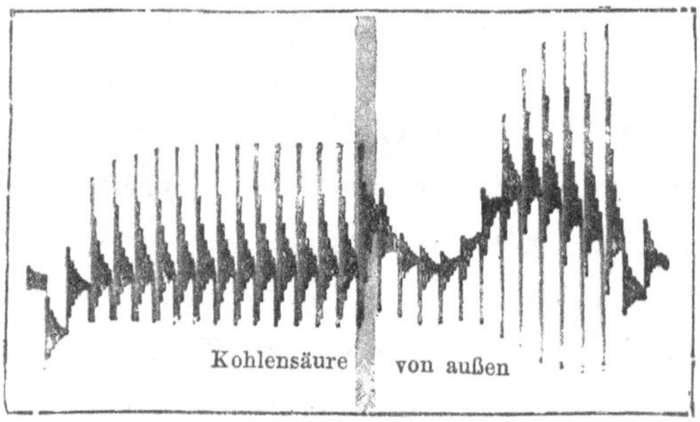

Fig. 26 (710). Vermehrte negative Wirkung. Verminderte positive Nachwirkung.

Drittes Stadium.

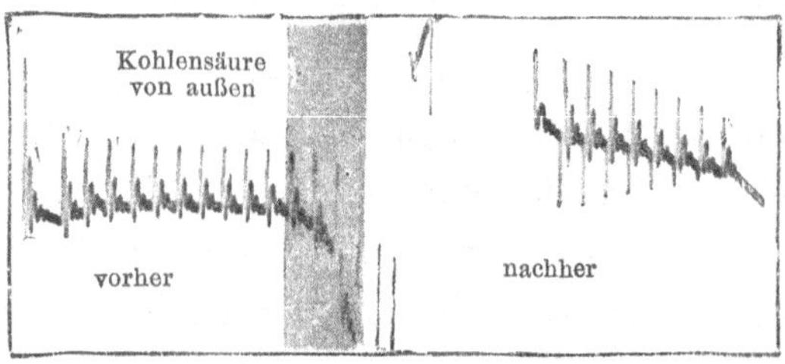

Fig. 28 (859). Die positive Wirkung verwandelt sich in eine negative.

Drittes Stadium.

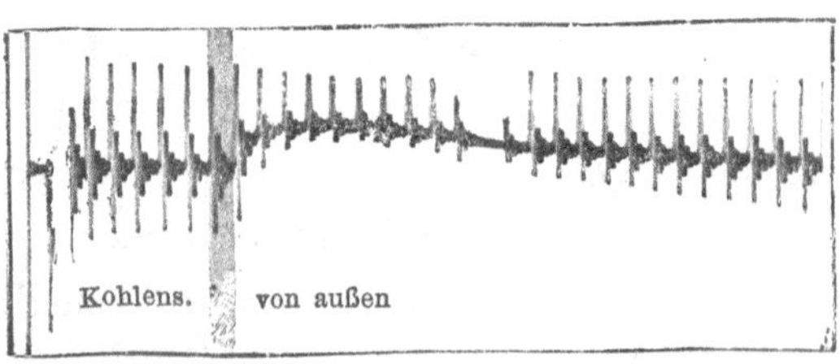

Fig. 30 (985). Verminderung der positiven Wirkung.

Einfluß der Kohlensäure auf die elektrische Reaktion des Nerven in seinen drei Stadien.

Erstes Stadium.

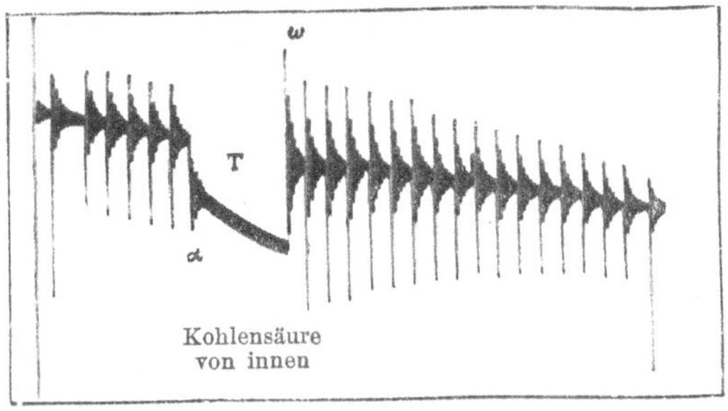

Fig. 25 (675). Vermehrte negative Wirkung.

Zweites Stadium.

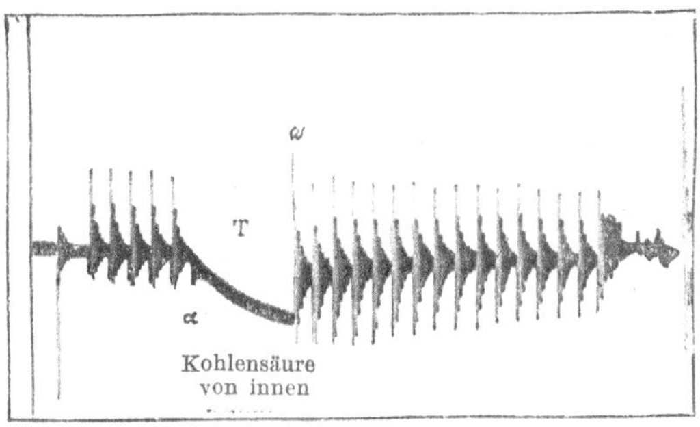

Fig. 27 (762). Vermehrte negative Wirkung. (Bei andern Beobachtungen tritt eine verminderte positive Nachwirkung ein, s. Fig. 33.)

Drittes Stadium.

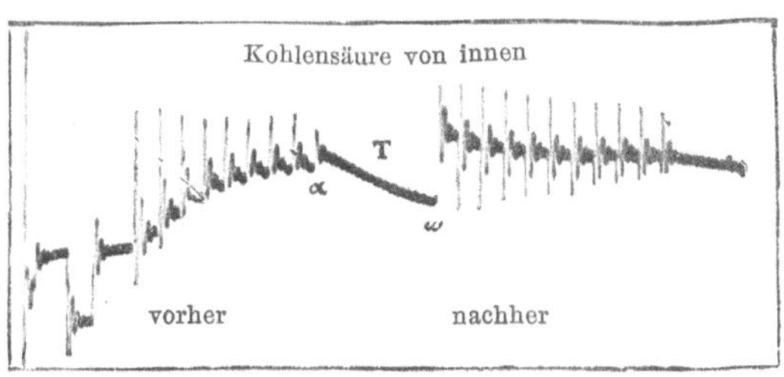

Fig. 29 (858). Die positive Wirkung verwandelt sich in eine negative.

Dritte s Stadium.

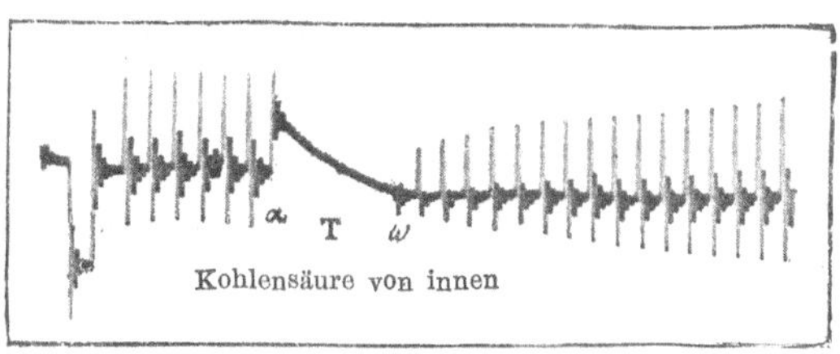

Fig. 31 (984). Verminderung der positiven Wirkung.

Einfluß des Tetanus auf die elektrische Reaktion des Nerven in seinen drei Stadien.

Wir haben hier eine Platte, auf der der Nerv erst einen schwachen negativen Ausschlag, dann einen starken Nachausschlag macht. Der letztere wird durch Zuführung von Kohlensäure verändert. Er wird in ähnlicher Weise verändert durch Tetanus. (Vergl. Figg. 26 und 27.)

Auf der nächsten Platte macht der Nerv einen positiven Ausschlag, der durch Zuführung von Kohlensäure in einen negativen Ausschlag verwandelt wird. Dieselbe Umkehrung wird durch Tetanus bewirkt. (Vergl. Figg. 28 und 29.)

Hier endlich haben wir einen Nerven, dessen positiver Ausschlag durch Zuführung von Kohlensäure vermindert wird. Bei demselben Nerven bewirkt auch Tetanus eine Verminderung des Ausschlags. (Vergl. Figg. 30 und 31.) In der That, hätte ich diese letzte Platte zuerst vorgelegt, ohne auf die Gedankenfolge hinzuverweisen, durch die wir zu ihr gelangt sind, so würde man die Verminderung wahrscheinlich für ganz gewöhnliche Ermüdung gehalten haben.

Wenn wir es nun vorläufig als feststehend betrachten, daß die Kohlensäure ein Produkt der Nerventhätigkeit ist, so entsteht zunächst die Frage: Was wird aus ihr?

Hierauf wage ich bis jetzt noch keine bestimmte Antwort zu geben; doch scheint mir die Forschung hier vor zwei Möglichkeiten zu stehen.

Die Kohlensäure kann einerseits auf dem Wege der Diffusion nach außen hin entweichen; andrerseits kann sie aber auch innerhalb des Nerven von neuem gebunden werden. Bis jetzt habe ich kein Mittel gefunden, um zwischen diesen beiden Möglichkeiten zu entscheiden; nichtsdestoweniger halte ich es nicht für zwecklos, sie hier auszusprechen und kurz zu erörtern.

Offenbar liegt die erste Hypothese am nächsten; was ist natürlicher, als daß die Kohlensäure, sofern sie überhaupt innerhalb des Nerven entsteht, durch Diffusion in die umgebende Luft oder in die Lymphe und das Blut übergeht, wie dies bei der Kohlensäure geschieht, die im Muskel erzeugt wird? Ich habe gegen diese an sich äußerst wahrscheinliche Annahme nichts einzuwenden und kann nur eine entfernte Möglichkeit andeuten, auf welche gewisse Eigentümlichkeiten in dem Verhalten des isolierten Nerven hinweisen; daß nämlich die Kohlensäure, die bei der Dissimilation ausgeschieden wird, vielleicht bei der Assimilation wieder Verwendung findet; kurz, daß, so unbegründet der Gedanke zunächst noch scheinen mag, im tierischen Gewebe eine ähnliche Assimilation von Kohlensäure stattfände, wie im Pflanzenprotoplasma. Wir haben uns veranlaßt gesehen, die negative Wirkung mit dem Freiwerden von Kohlensäure in Verbindung zu bringen; vielleicht werden wir später Ursache haben, anzunehmen, daß die positive Nachwirkung mit der Bindung der Kohlensäure in Zusammenhang steht. Vorläufig ist dies jedoch eine leere Vermutung, die jeglicher Grundlage entbehrt.

Sehen wir zunächst von ihr ab und wenden wir

uns einem andern Punkt zu, der zwar auch durchaus hypothetisch ist, aber doch minder aus der Luft gegriffen zu sein scheint.

Kontraktiles Gewebe, namentlich das des Herzens, aber auch das von Quallen, sowie das von willkürlichen Muskeln zeigt eine eigentümliche Erscheinung, die in der Physiologie als das „Treppenphänomen“ bezeichnet wird. Wenn man ein solches Gewebe in regelmäßigen, passend abgemessenen Abständen durch starke Induktionsschläge reizt, so reagiert es durch eine Reihe von Zuckungen, von denen jede einzelne das äußerste ist, was der Muskel in jenem Augenblick zu leisten vermag, von denen aber jede einzelne etwas stärker ist, als die vorhergehende. Eine solche zunehmende Serie nennt man eine Treppenkurve. Wie wir nun gesehen haben, bildet eine Reihe von elektrischen Nervenreaktionen eine ähnliche Stufenleiter und zwar bei Reihen von negativen Schwankungen eine zunehmende, bei Reihen von positiven Schwankungen oder Nachschwankungen eine abnehmende. Erinnert man sich, daß die charakteristische Wirkung der von außen zugeführten und möglicherweise auch der innerlich entwickelten Kohlensäure in einer Verstärkung der negativen und einer Abschwächung der positiven Reaktion besteht, so wird man unschwer zugeben, daß die elektrische Treppenkurve des Nervenstroms, gleichviel ob aufsteigend oder absteigend, durch die Kohlensäure bewirkt wird, die bei jeder Einzelschwankung der Serie frei wird. Die Erscheinung ist ziemlich sicher als ein Kohlensäurephänomen anzusehen.

Das Treppenphänomen beschränkt sich also nicht auf kontraktiles Gewebe, sondern ist offenbar auch dem Nerven eigentümlich, bei dem es ebenso offenbar durch Kohlensäure erzeugt wird. Diese bestimmte Vorstellung ist nach meiner Ansicht ein willkommener Beitrag zu dem weniger klaren psychologischen Bilde, das wir uns von dem Treppenphänomen bei der Thätigkeit des Centralnervensystems machen.

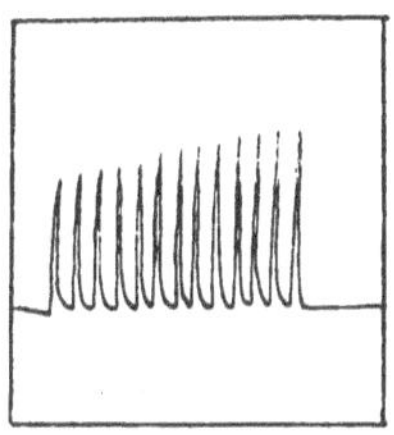

Fig. 32. „Treppenkurve" der Zuckungen eines Froschherzens.

Man kann sich die Summation der Reize — d. h. das allmähliche Anwachsen einer Reihe an sich ungenügender Reize zu

Fig. 32a. „Treppenkurve" der elektrischen Reaktionen des Nerven.

einem wirksamen Reiz — vorstellen als Folge vermehrter Erregbarkeit durch Anhäufung von Kohlensäure. Das Entstehen von Bahnen geringeren Widerstandes in dieser oder jener Richtung des Centralnervensystems, die sogenannte „Bahnung", beruht möglicherweise auf einer Erleichterung der Transmission längs bestimmter Linien, durch die bereits Nervenimpulse gegangen sind, wo daher die Erregbarkeit durch Kohlensäure gesteigert ist. Ja, wir könnten uns dazu verleiten lassen, unserer Phantasie noch weiteren Spielraum zu gewähren und bis auf die Entstehung eines besonderen leitenden Gewebes innerhalb der homogenen Protoplasmamasse zurückgehen. Man denke sich, daß innerhalb einer solchen Masse zum ersten Mal eine lineare Wirkung stattfindet; längs dieser Bahn entwickelt sich Kohlensäure und alle später eintretenden Wirkungen werden vorzugsweise diesen Weg einschlagen. Es wäre dies eine Urform jener „Bahnung", in dem Sinne, der uns durch SPENCER's Schriften vertraut geworden ist. Meiner Ansicht nach gewinnt dieser Gedanke an Faßlichkeit durch die Kenntnis der Beziehungen zwischen Kohlensäure und Nerven, indem sie eine physikalisch-chemische Erklärung des Vorganges möglich, ich hätte beinahe gesagt, wahrscheinlich macht. Hat eine Dissimilation stattgefunden, so vollzieht sich in derselben Bahn eine Assimilation von Materie, durch welche der Nervenpfad nicht bloß funktionell, sondern auch organisch konstituiert wird. Wir wissen, daß Zersetzung durch Aufbau ausgeglichen, ja mehr als ausgeglichen wird. Wir wissen auch, daß eines der Zersetzungsprodukte Kohlensäure ist. Ich frage mich nun, ob diese Kohlensäure sich vollständig zerstreut, oder ob sie nicht vielleicht in irgend einem Vorratsstoffe wieder gebunden wird, etwa in dem Nervenmark, das einen so hervorragenden Bestandteil des voll entwickelten Nerven bildet. Ein solcher Nerv besteht aus dem Axencylinder und der Markscheide. Der Axencylinder, der Ausläufer der Nervenzelle, ist der eigentlich leitende Teil; die Markscheide ist ein unwesentlicher Anhang, der mit den Nervenzellen nicht direkt in Verbindung steht. Und doch, wenn man den Nerven zerschneidet, unterliegt sowohl Markscheide als Axencylinder der WALLER'schen Degeneration, ein Beweis, daß sie beide in funktioneller Beziehung stehen. Wir haben ferner gesehen, daß ein solcher Nerv unermüdbar ist und doch nach der Thätigkeit sehr deutliche Symptome einer chemischen Veränderung zeigt. Alle diese Dinge vereinigen sich nach meiner Ansicht mit der Vorstellung, daß der thätige graue Axencylinder seine eigene Markscheide sowohl aufbaut als verbraucht, und daß er nicht deshalb unermüdbar ist, weil er wenig oder nichts verausgabt, sondern weil reichlicher Ersatz vorhanden ist.

Diese Hypothese ist kühn, eine ungezügelte Ausschweifung der Phantasie — und ich bin der erste, dies zuzugeben, messe ihr auch keinen andern Wert bei, als den einer möglichen Anregung zu weiteren Versuchen.

Allein, abgesehen von der hypothetischen Kohlensäurebildung und der hypothetischen Entstehung besonders leitender Gewebefasern, möchte ich doch dringend betonen, daß die Treppenkurve als allgemeine Erscheinung, sowohl im physiologischen als im psychologischen Sinn, eine bestimmte konkrete Bedeutung erlangt, wenn man zugiebt, daß die Kohlensäure ein Produkt der Nerventhätigkeit ist und dieselbe befördert. Vom physiologischen Standpunkt aus halte ich es für richtiger, die „Summation", die „Treppenwirkung" und die „Bahnung" auf jene erhöhte Beweglichkeit des Protoplasmas zurückzuführen, die eine charakteristische

Wirkung der Kohlensäure ist, als zu behaupten, daß „ein Gewebe durch Reizung in einen Zustand gesteigerter Empfänglichkeit und gesteigerter Thätigkeit versetzt wird.“

Es wäre gleichfalls in Erwägung zu ziehen, ob nicht bei der als Reizleitung bekannten Fortpflanzung der Nervenimpulse die Kohlensäure, welche beständig entsteht und wieder gebunden wird während die Thätigkeit von Punkt zu Punkt forteilt, möglicherweise eine gewisse Rolle spielt. Man denke sich die lange Kette zusammengesetzter Molekeln, aus denen eine Nervenfaser besteht; jede einzelne Molekel in der Kette wird zur Thätigkeit erregt und erzeugt Kohlensäure, durch welche die benachbarten Molekeln ihrerseits wieder erregt werden. Auf diese Weise wird eine Erregung längs der Kette fortgepflanzt und zwar nach beiden Richtungen, wenn der Reiz in der Mitte stattgefunden hat, von einem Ende zum andern, wenn der Reiz von einem Endorgan ausgeht. Auch scheint es mir nicht nötig, anzunehmen, daß bei einer solchen Thätigkeit thatsächlich Kohlensäure frei wird; bekanntlich findet infolge der Nerventhätigkeit keine nachweisbare Wärmeentwicklung statt und der Nerv ist unermüdbar, beides Gründe, die gegen diese Annahme sprechen. Vielmehr möchte ich die Kette der Nervenmolekeln mit einer Reihe von Soldaten vergleichen, die Schulter an Schulter stehen. Die Kohlensäure wird gleichsam von der einen Molekel gegen die andere vorgeschoben und der Nervenimpuls wird auf diese Weise fortgepflanzt, ähnlich wie ein Stoß mit dem

Ellenbogen längs der Reihe von Soldaten fortgepflanzt werden könnte.

Endlich ist man in diesem Zusammenhange versucht, sich wenigstens zu fragen, ob nicht vielleicht die umgekehrte Erscheinung, die wir als „Ermüdung", „Refraktärstadium" oder „Hemmung" kennen, sich gleichfalls durch Entwicklung von Kohlensäure erklären ließe; ob nicht die Lähmung, in der die volle Wirkung der Kohlensäure besteht, in gewissem Grade durch übermäßige oder aufs höchste gesteigerte Thätigkeit hervorgebracht werden könnte. Auf die Betrachtung dieser negativen Seite der Nerventhätigkeit ist es mir jedoch vorläufig unmöglich, näher einzugehen.

Zum Schluß möchte ich noch zwei Fragen beantworten, die mir in bezug auf meine Kurven häufig gestellt werden. Ich muß mich kurz fassen und bin auch selbst wenig durch meine Antworten befriedigt, die eigentlich nur Gegenfragen sind.

Was bedeuten diese negativen und positiven Wirkungen? Was bedeutet die eigentümliche Veränderung der Grundlinie, welche durch die Kohlensäure bewirkt wird? Was den ersten Punkt betrifft, so frage ich mich, sind die negativen und positiven Wirkungen als Zeichen entgegengesetzter chemischer Vorgänge aufzufassen, d. h. ist die negative Wirkung ein Zeichen der Zersetzung, die positive ein Zeichen des Aufbaues im HERING'schen Sinne der Assimilation und Dissimilation; oder soll man sie betrachten als algebraische Summe der kathodischen, beziehungsweise anodischen Wirkungen, die durch das Vorherrschen des einen oder andern

Faktors in der Reihe der zur Reizung des Nerven benutzten Wechselströme herbeigeführt werden? Vielleicht wird die spätere Forschung diese Punkte entscheiden.

Was die zweite Frage anbelangt, so habe ich sie gründlich satt. Denn jedermann stellt sie und ich weiß selbst nicht, was die eigentümliche Veränderung der Grundlinie zu bedeuten hat. Manchmal suche ich der Antwort auszuweichen, indem ich sage, daß die Veränderung eine Verschiebung des Nullpunkts am Galvanometer bedeute, was sich eigentlich von selbst versteht. Wenn das nicht hilft, entschuldige ich mich für die eigentümliche Veränderung und erkläre, daß sie nur durch die unerbittliche Strenge meiner Registriermethode so stark hervorträte, und bei gewöhnlichen galvanometrischen Beobachtungen nicht weiter beachtet werde. Aber damit ist mir nicht viel geholfen, denn nun sagt man mir, ich müsse sie beachten, die Hebung oder Senkung der Linie sei höchst bedeutsam. Und das ist sie auch, wenn ich nur wüßte, was sie bedeutet. Es ist mir sehr wohl bekannt, daß die Kohlensäure, wenn sie von außen zugeführt wird, den Nullpunkt zuerst hinauftreibt und wenn sie von innen einwirkt (Tetanus) den Nullpunkt[1] herabdrückt; aber der Sinn dieser Erscheinung ist mir verborgen.

Nachschrift. Wenn ich mich auf Seite 66 etwas bedingt ausdrückte, so geschah dies, weil die Probeversuche, die ich in der Woche vor der Vorlesung aus-

[1] Als Nullpunkt bezeichne ich die Ruhelage des dauernd abgelenkten Magneten, nicht die Ruhelage des Magneten, wenn kein Strom hindurch geht.

führte, so unbefriedigend ausfielen, daß ich alle Hoffnung aufgegeben hatte, den Hauptversuch deutlich vorzuführen. Die Nerven boten mir hartnäckig Schach und zeigten bei fortgesetztem Tetanus eine so geringe Steigerung

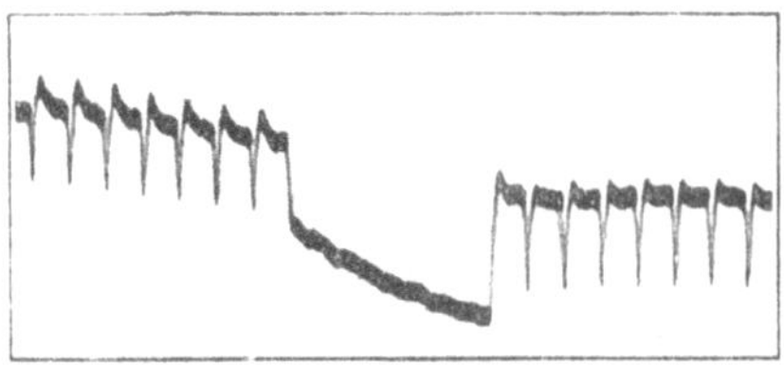

Fig. 33 (2478). Wirkung einer 5 Minuten anhaltenden Tetanisierung auf einen „ungenährten" Nerven.

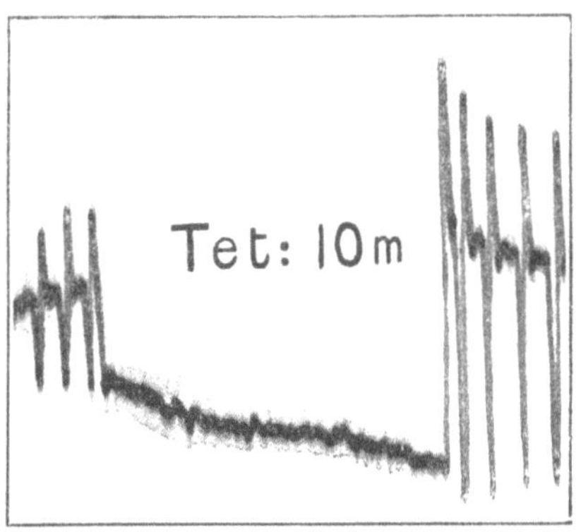

Fig. 34 (2501). Wirkung einer 10 Minuten anhaltenden Tetanisierung auf einen „genährten" Nerven.

der Reaktion, daß dieselbe nur bei sehr genauer Beobachtung am Galvanometer wahrgenommen werden konnte. Aus diesem Grunde ließ ich in einer Dunkelkammer hinter dem Hörsaal einen selbstthätig registrierenden Galvanometer einschalten (siehe Fig. 10), sodaß die Kurve des Versuchs thatsächlich aufgenommen und am Schluß der Vorlesung vorgezeigt werden konnte.

Wie sich später herausstellte, gelang der Versuch in der Vorlesung ausnehmend gut; die Reaktion fiel nach anhaltendem Tetanus (10 Minuten) ungefähr dreimal so groß aus wie zuvor, und die photographische Kurve erschien nachträglich als ein ziemlich überflüssiges Beweisstück.

Dieser Erfolg, der den Vortragenden weit mehr überraschte, als die Zuhörer, war das Verdienst der Vorlesungsassistentin, Fräulein Sowton, und kam auf folgende Weise zu stande.

Bei früheren Versuchen, die den Zweck hatten, die etwaige ernährende Wirkung von Eiweißstoffen und Kohlehydraten auf dem Nerven zu erproben, hatten wir bemerkt, daß Milchzucker eine bedeutende, um nicht zu sagen, absolut sichere Nährkraft auszuüben schien. Fräulein Sowton hatte daher ohne mein Wissen am Tage vor der Vorlesung Tetanusversuche an Nerven angestellt, die in einer salzigen Milchzuckerlösung gelegen hatten, und festgestellt, daß die typischen Wirkungen solcher Nerven ganz bedeutend gesteigert werden. Der Vorlesungsversuch wurde an einem mit Milchzucker behandelten Nerven gemacht und unterscheidet sich deutlich von den andern Probeversuchen, die an „ungenährten“ Nerven ausgeführt wurden.

Litteratur.

Ein ausführlicher Bericht über den Gegenstand dieser Vorlesung befindet sich in den *Phil. Trans. of the Royal Society* für das Jahr 1897 (Observations on Isolated Nerve; with Particular Reference to Carbon Dioxide. Croonian Lecture for 1896).

Das Phänomen der „Treppenkurve", das zuerst von Bowditch als charakteristisch für den Herzmuskel erkannt und später von Romanes auch am kontraktilen Gewebe der Medusen nachgewiesen wurde, erörtert Romanes eingehend von allgemeinen Gesichtspunkten aus in *Jellyfish and Starfish, International Scientific Series,* S. 54.

Die Vorstellung der „Kanalisation" oder „Bahnung" entwickelt Herbert Spencer in *Principles of Psychology.* Auch Romanes erwähnt sie (a. a. O. S. 87) und zitiert einige frühere Aussprüche von Lamarck in gleichem Sinne.

Daß sich im thätigen Nerven Säure bildet, ist bereits von früheren Forschern teils behauptet, teils bestritten worden. Dafür treten ein Funke *(Arch. f. Anat. und Physiol.* 1859*)* und Ranke *(Lebensbedingungen der Nerven.* Leipzig 1868); dagegen Liebreich *(Naturforscherversammlung.* Frankfurt 1867) und Heidenhain *(Studien aus d. Physiol. Institut Breslau* 1868). In bezug auf das Nervenzentrum weist Gscheidlen (Pflüger's *Archiv* VIII, 1874) nach, daß die graue Substanz stets sauer, die weiße Substanz stets neutral oder alkalisch reagiert.

Vierte Vorlesung.

Polare Wirkungen. PFLÜGER's Gesetz, erläutert durch Versuche am Menschen.
Elektrolytische Dissoziation. Elektrolytischer Gegenstrom. Innere Polarisation.
Polarisierbare Kernleiter-Modelle.
Extrapolare Ströme im Froschnerven und im Säugetiernerven.

Polare Wirkungen. — Wenn wir die elektrischen Äußerungen lebender Materie untersuchen wollen, so kommen wir wiederholt in die Lage, elektrische Reize anwenden zu müssen. Es ist daher wichtig, von Anfang an möglichen Verwechslungen vorzubeugen, indem wir klar unterscheiden zwischen solcher Elektrizität, die durch die zuleitenden oder Reizelektroden von außen zugeführt wird, und solcher Elektrizität, welche in dem lebenden Tier oder Gewebe entsteht oder erregt wird und durch die ableitenden Elektroden zum Galvanometer oder elektrischen Registrierapparat gelangt. Nur die letztere ist tierische Elektrizität, die erstere ist es nicht, obgleich sie häufig benutzt wird, um in lebender Materie jene physikalisch-chemische Thätigkeit zu erregen, deren äußeres und sichtbares Zeichen der Ausschlag des Galvanometers ist.

Diese Bemerkung scheint zunächst nicht hierher zu gehören, da unsere Vorlesungen nicht von Elektro-Physiologie, sondern von tierischer Elektrizität handeln.

Der letztere Begriff umfaßt, streng genommen, nur diejenige elektrische Wirkung, welche vom Tier ausgeht, nicht den elektrischen Reiz, der auf das Tier angewandt wird. Da wir jedoch binnen kurzem mit Polarisationserscheinungen zu thun haben werden, die beiden Kategorien angehören, insofern sie eine elektrische Reaktion auf einen elektrischen Reiz sind; und da wir die Verwandtschaft zwischen einer derartigen Reaktion und der gewöhnlichen mechanischen Reaktion, welche physiologische Erregung anzeigt, zu untersuchen haben werden, so erscheint diese Abschweifung nicht bloß bequem und nötig, sondern läßt sich sogar logisch verteidigen, selbst wenn wir uns ganz auf tierische Elektrizität beschränken wollten. Die polare Reaktion verhält sich bei lebender Materie in physikalisch-chemischer Beziehung ebenso wie bei lebloser Materie; aber in vielen Hinsichten zeigt sie Eigenschaften, die für das Leben charakteristisch sind. Und obgleich die elektrolytische Dissoziation bei lebender, toter und lebloser Materie im wesentlichen gleichgeartet ist, müssen wir doch zugeben, daß bei wechselnden Zuständen stark verminderter, chemischer Stabilität die entsprechende Steigerung der Polarisierbarkeit bei der lebenden Materie erheblich größer ist, als bei der toten. Im Laufe dieser Vorlesungen werde ich zeigen, daß die elektrolytische Polarisation der lebenden Materie außerordentlich empfindlich gegen sehr geringe chemische Veränderungen ist, daß z. B. die elektrolytischen Veränderungen innerhalb eines Nerven durch Reiz- und Beruhigungsmittel modifiziert werden, und daß ein Gift, welches das Protoplasma tötet, von unserm Standpunkt aus als ein Reagens betrachtet werden muß, das die Elektrolyse im lebenden Gewebe erschwert.

Die Fragen, die bei der Betrachtung der polaren Reaktion des Nerven entstehen, sind teils elektrophysikalischer, teils physiologischer, teils elektrophysiologischer Natur und reichen in dieser letzteren Beziehung entschieden über das engere Gebiet der rein tierischen Elektrizität hinaus.

Wenn wir also, ohne uns mit den Einzelheiten zu beschäftigen, die dem Kapitel der Elektrophysiologie angehören, nur die Hauptzüge der elektrischen Reizung ins Auge fassen, soweit sie die elektrischen Reaktionen und deren Beziehungen zu physiologischen Reaktionen einschließen, sind folgende Punkte als wesentlich hervorzuheben:

du Bois-Reymond, hat den Satz aufgestellt, daß der Nerv durch einen konstanten Strom nur erregt wird, während dieser Strom anfängt und aufhört, d. h. beim Schließen und Öffnen desselben; nicht während er besteht, also nicht zwischen der Schließung und Öffnung.

Pflüger hat dann ferner nachgewiesen, daß

1) die Reizung bei Schließung an der Kathode, bei Öffnung an der Anode stattfindet; und daß

2) beim Durchgang eines konstanten Stroms die Erregbarkeit an oder bei der Kathode erhöht und an oder bei der Anode vermindert wird.

Diese beiden Sätze, die speziell auf den Nerven anwendbar sind, drücken ein allgemeines Gesetz aus und gelten im besonderen für den Muskel, auch für den Herzmuskel. Einen einzigen Fall, den des ungeformten Protoplasma, ausgenommen, enthalten sie das Gesetz, nach dem die lebende Materie auf den elektrischen Strom reagiert.

Ich habe lange darüber nachgedacht, wie ich diese beiden Sätze am besten durch den Versuch erläutern könne. Das nächstliegende und gebräuchlichste Versuchsobjekt, das Präparat eines Froschnerven, entspricht dem Zweck nicht ganz; denn es eignet sich zwar recht wohl, um die auf der Kathodenseite erhöhte und auf der Anodenseite herabgesetzte Erregbarkeit zu zeigen, aber es gewährt keine direkte und überzeugende Anschauung davon, daß die Reizung bei der Schließung an der Kathode und bei der Öffnung an der Anode stattfindet.

Ich werde mich daher eines weniger gebräuchlichen und in einer Hinsicht komplizierteren Versuchsobjekts bedienen, nämlich des Nervmuskelpräparats vom Menschen, und wähle zu diesem Zweck den Nervus ulnaris meines eigenen Unterarms und die Muskeln, die er versorgt, wozu unter andern einige der Beugemuskeln des Handgelenks und der Finger gehören.

Versuch. — Ich habe mich mittels einer großen flachen Elektrode im Nacken mit einer Batterie verbunden; mit dem Knopf der andern Elektrode, den ich an seinem Isoliergriff in der rechten Hand halte, taste ich nach dem Nervus ulnaris an der Rückseite meines Elbogens; sobald der Knopf bequem anliegt, wird der Strom, der so gerichtet ist, daß diese Elektrode zur Kathode wird, allmählich verstärkt und von Zeit zu Zeit probeweise geöffnet und geschlossen. Wenn der

Strom eine bestimmte Stärke erreicht hat, erfolgt bei Schließung jedesmal eine starke Zuckung des Handgelenks und der Finger; d. h. die Kathode reizt bei der Schließung, oder mit andern Worten, die Reizung bei der Schließung ist kathodisch. Alsdann wird der Strom umgekehrt, sodaß die beim Nerven angesetzte Elektrode zur Anode wird. Wenn man nun den Strom wie zuvor schließt, bleibt die Wirkung aus; d. h. die Anode reizt bei der Schließung nicht. Allerdings bleibt die Wirkung auch beim Öffnen aus, wenigstens bei diesem schwachen Strom. Der Strom muß verstärkt werden, damit das Öffnen an der Anode eine sichtbare Wirkung hervorbringt, und es tritt dann auch beim Schließen eine Wirkung ein, was scheinbar der Behauptung widerspricht, daß die Anode bei der Schließung nicht reizt, sondern im Gegenteil die Erregbarkeit herabsetzt.

Dieser Widerspruch ist nur scheinbar, nicht wirklich; es würde jedoch zu weit führen, wollte ich auf diesen Punkt näher eingehen. Ich bemerke daher nur kurz, daß der Strom bei dem im Körper eingebetteten Nerven eine ziemlich enge Eintrittsstelle (= Anode) unmittelbar unter der Elektrode hat, während seine Austrittsstelle (= Kathode) in die umliegenden Gewebe in einiger Entfernung von der eigentlichen Elektrode verhältnismäßig breit ist. Auf diese extrapolare Kathode ist die Zuckung beim Schließen zurückzuführen; wir wollen sie hier nicht weiter betrachten, sie ist lediglich eine Komplikation, die davon herrührt, daß der Nerv von leitender Substanz umgeben ist, statt isoliert zu sein. Zu beachten ist also nur die Zuckung beim Öffnen, welche dadurch entsteht, daß der Nerv unmittelbar unter der Anode gereizt wird. Diese Zuckung beweist, daß die Anode beim Öffnen reizt, mit andern Worten, daß die Wirkung beim Öffnen anodisch ist.

Zu diesen beiden Thatsachen — daß beim Schließen die Kathode und beim Öffnen die Anode reizt — kommen die zwei weiteren Thatsachen, daß, wenn ein konstanter Strom durch den Nerven geleitet wird, die Erregbarkeit auf der Kathodenseite zunimmt und auf der Anodenseite abnimmt, was leicht veranschaulicht werden kann. Dies geschieht am besten durch ein anscheinend sehr grobes Verfahren, indem man nämlich durch die Elektrode hindurch leicht auf den Nerven klopft, während man sie nach Belieben anodisch oder kathodisch macht. Nachdem die Elektrode vorsichtig auf den Nerv aufgesetzt worden ist, versetzt man ihr mit einem kleinen Hammer in regelmäßigen Abständen leichte Schläge, die aber stark genug sind, um deutliche Zuckungen des Handgelenks und der Finger hervorzurufen. Während diese Schläge und Zuckungen ihren regelmäßigen Fortgang nehmen, kehrt man den Strom um und macht die Elektrode kathodisch. Hierauf werden die Zuckungen merklich stärker, während sie bei der entgegengesetzten Stromrichtung ganz ausbleiben. Dieser Doppelversuch, dessen Hauptverdienst darin besteht, daß er einfach ist und auf einer mechanischen, d. h. nicht-elektrischen Reizung eines vollkommen normalen Nerven beruht, beweist zur Genüge, daß in der That die Erregbarkeit unter dem

Einfluß der Kathode erhöht und unter dem Einfluß der Anode herabgesetzt wird. Ich lasse die Kurve eines Versuchs folgen (Fig. 35), welche dazu dienen mag, diese Thatsache einzuprägen. Wer näheres über die verwickelten Fragen erfahren will, die dieser höchst

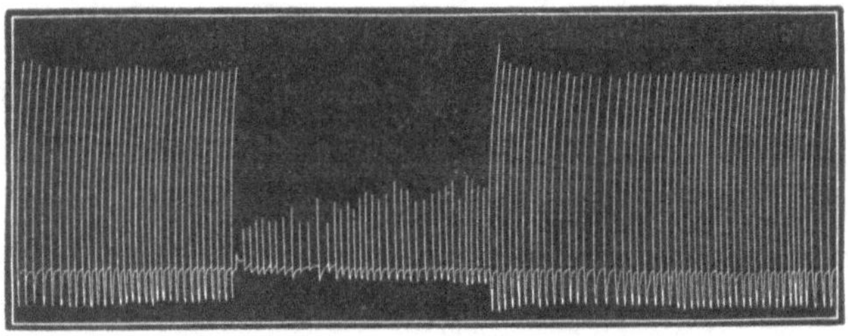

a) Anodische Verminderung der Erregbarkeit.

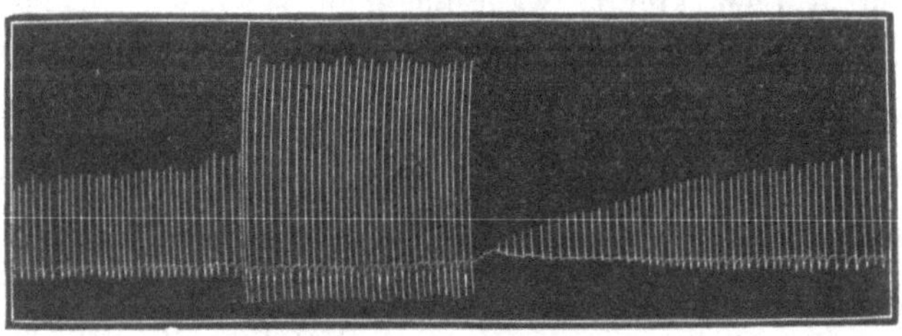

b) Kathodische Erhöhung der Erregbarkeit.

Fig. 35. Wirkung des polarisierenden Stroms auf die elektrische Erregbarkeit des menschlichen Nerven. (Aus WALLER und DE WATTEVILLE, Phil. Trans. R. S., 1882).

einfache Versuch löst, möge die darauf bezügliche Litteratur nachlesen, aus der hervorgeht, daß PFLÜGER's allgemein anerkannte Sätze über das Verhalten des isolierten Froschnerven sich nicht ohne weiteres auf den menschlichen Nerven übertragen lassen, sondern daß die Angelegenheit der Klärung bedurfte, ehe sie ganz verständlich wurde.

Es liegt nicht in meiner Absicht, dieses Reaktionsgesetz eingehend zu besprechen. Dies wird in einer späteren Reihe von Vorlesungen geschehen. Um aber die Beziehungen zwischen der Erregbarkeit und elektromotorischen Leistungsfähigkeit lebender Materie klar zu legen, muß ich an dieser Stelle darauf aufmerksam machen, daß „Erregbarkeit“ und „elektromotorische Leistungsfähigkeit“ nicht dasselbe bedeuten. Unter den verschiedenen Gründen, die mich bewogen haben, das Wort „Zink“ als neues Stammwort einzuführen, befand sich auch der, daß das Substantiv „Zinkfähigkeit“ (d. h. die Fähigkeit, zu einer Thätigkeit erregt zu werden, die der des Zinks in einem Volta'schen Element analog ist) weniger leicht mißverstanden werden kann, als die Worte „elektromotorische Leistungsfähigkeit“. Die Ausdrücke „größere elektromotorische Leistungsfähigkeit“, „elektromotorisch leistungsfähiger“ können bedeuten „leichter zu elektromotorischer Thätigkeit anregbar“, oder sie können bedeuten „fähig zu stärkerer elektromotorischer Thätigkeit“.

Spricht man dagegen von „größerer Zinkfähigkeit“, „zinkfähiger“, so kann — und soll in diesen Vorlesungen wenigstens — nichts anderes darunter verstanden werden, als die Fähigkeit zu einer stärkeren, der Thätigkeit des Zinks in einem Volta'schen Element analogen elektromotorischen Thätigkeit erregt zu werden. In diesem Sinn ist auch die Bezeichnung „zinkfähig“ auf der nachstehenden Figur zu verstehen (Fig. 36), welche den Zweck hat, die polaren Veränderungen der Erregbarkeit und elektromotorischen Leistungsfähigkeit, die durch den galvanischen Strom bewirkt werden, dem Gedächtnis einzuprägen.

Wir können vielleicht noch einen Schritt weiter gehen und unter der Voraussetzung, daß der Axencylinder der wesentliche Teil einer Nervenfaser ist, folgende Reihe von zusammenhängenden Thatsachen

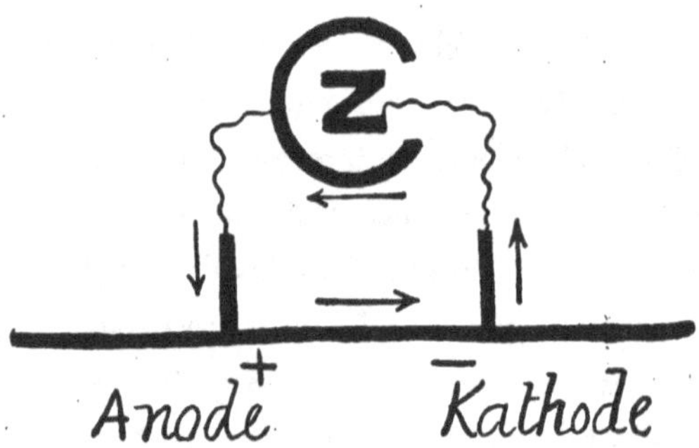

Fig. 36.

„Erregbarkeit“ und	„Zinkfähigkeit“.
Weniger erregbar.	Erregbarer.
Weniger zinkartig.	Zinkartiger.
Zinkfähiger.	Weniger zinkfähig.

als möglich aufstellen: 1. die kathodische Erregung des Axencylinders; 2. das Freiwerden der elektropositiven Elemente; 3. die Reduktion eines oxydierbaren Stoffs, Inogen (Kohlenwasserstoff?); 4. die Entstehung von Kohlensäure.

Der auf S. 80 erwähnte Punkt bestätigt bis zu einem gewissen Grade diese Anschauung. Der Zucker scheint in diesem Fall die Rolle der sauerstoffgebenden Nahrung zu spielen, und es ist denkbar, daß durch die reduzierende Wirkung der lebenden Materie auf den Zucker Fett abgesetzt werden könnte.

Auf den ersten Blick scheint zwischen den soeben vorgeführten Versuchen und denjenigen, welchen ich mich jetzt zuzuwenden gedenke, keine rechte Ideenverbindung zu bestehen. In Wirklichkeit sind sie nahe mit einander verwandt. Die elektrolytische Zersetzung einfacher chemischer Molekeln, mit der wir uns jetzt beschäftigen wollen, wird höchst wahrscheinlich dereinst den Schlüssel bilden, der uns das Verständnis für die mannigfaltigen Dissoziationen und Wiedervereinigungen der zusammengesetzten Molekeln erschließt, aus denen die lebende Materie besteht.

Sie ist der erste Schritt auf dem Wege zu der Erkenntnis, daß die Erscheinungen der elektrischen Reizung und Hemmung ihrem Mechanismus nach vor allem polar und elektrolytisch (d. h. chemisch) sind. Ein weiterer Schritt in derselben Richtung wird zu der Einsicht führen, daß die elektrolytischen Vorgänge, die verhältnismäßig klar aus dem pfadlosen Dickicht der unerklärten Reizerscheinungen hervorleuchten — so deutlich in der That, daß wir auf den ersten Blick geneigt sind, ihren physiologischen Charakter zu bestreiten — nichtsdestoweniger physiologischen Bedingungen unterworfen und gleichzeitig chemischen Veränderungen zugänglich sind.

Es liegt jedoch nicht in meiner Absicht, Luftschlösser zu bauen, sondern vielmehr mich fleißig in einfache und grundlegende Erscheinungen zu versenken; und zwar im besonderen in die elektrotonischen Ströme, die den vorerwähnten elektrotonischen Veränderungen der Erregbarkeit zu Grunde liegen und die ohne Zweifel Wirkungen der elektrolytischen Polarisation sind.

Vorläufiger Versuch. — Zwei Platin-Elektroden einer 2—3 Volt starken Batterie tauchen in ein rechteckiges Glasgefäß, das Dextrin und Jodkali gelöst enthält. Die Molekel des Jodkali besteht aus einem basischen Teil, Kalium, und einem sauren Teil, Jod. Sobald das Jod durch die elektro-

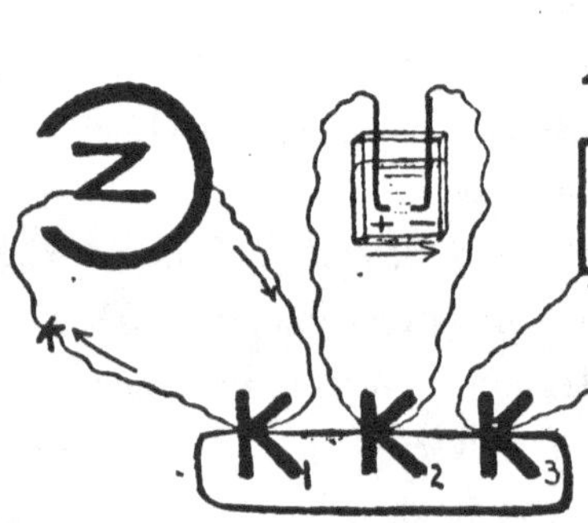

Fig. 37.

lytische Zersetzung der Molekel frei wird, giebt es sich zu erkennen, indem es mit dem Dextrin eine rote Farbe erzeugt. (Ich habe Dextrin statt Stärke gewählt, weil Jod mit Stärke blau wird und die meisten meiner Zuhörer gewöhnt sind, bei Rot an Säuren, bei Blau an Basen zu denken.) Wird nun der Stromkreis geschlossen, so bildet sich sofort ein roter Hof um die Anode, der anzeigt, daß Jod, der saure Teil der Molekel KI, frei geworden ist. An diesem Versuche können wir uns merken, daß, wenn ein Strom durch einen Elektrolyt hindurchgeht und dadurch Elektrolyse erzeugt, frei werden:

An der Anode	An der Kathode
Säuren	Basen
Sauerstoff	Wasserstoff
Chlor	Natrium
Elektronegative Ionen	Elektropositive Ionen.

Diese elektrolytischen Produkte, welche sich bei beiden Polen bilden, verhalten sich in statu nascendi selbst elektromotorisch in der Richtung gegen den Strom, der sie erzeugt. So bilden Sauerstoff, der an der Anode entsteht, und Wasserstoff, der an der Kathode entsteht, zusammen ein VOLTA'sches Element, dessen Strom dem ursprünglichen Strom, durch den sie erzeugt wurden, entgegenwirkt und als Sekundär- oder Gegenstrom thatsächlich einen Widerstand gegen den Primärstrom ausübt. Ein thätiges VOLTA'sches Element umgiebt sich, ebenso wie thätige lebende Materie, mit den Produkten seiner eigenen Thätigkeit, die eben jener Thätigkeit entgegenwirken. Der Vergleich zwischen der Polarisation und Depolarisation eines VOLTA'schen Elements und der Zersetzung und dem Wiederaufbau lebender Materie wäre vielleicht weder übermäßig gesucht, noch viel ungenauer, als es Vergleiche überhaupt sind.

Ich werde nun das Vorhandensein dieses Gegenstroms noch besonders nachweisen. (Übrigens hat er sich schon selbst nachgewiesen, und zwar auf recht lehrreiche Art. Als der primäre Strom durch die Lösung hindurchging, färbte sich die Flüssigkeit bei der Anode rot; jetzt aber, wo der primäre Strom durch den Gegenstrom aufgehoben ist und dieser allein herrscht, zeigt sich auch am andern Drahtende eine schwache Röte. Dieser Draht, der für den primären Strom die Kathode oder Austrittsstelle war, ist jetzt für den Gegenstrom die Anode oder Eintrittsstelle geworden.)

Versuch. — K_1 ist geschlossen (um die Batterie Ⓩ auszuschalten); K_2 ist offen. Hierauf öffne und schließe ich den Galvanometerschlüssel K_3, um mich zu überzeugen, daß die noch unpolarisierten Drähte in der elektrolytischen Zelle keinen Strom aussenden. Während nun K_3 geschlossen bleibt (um den Galvanometer

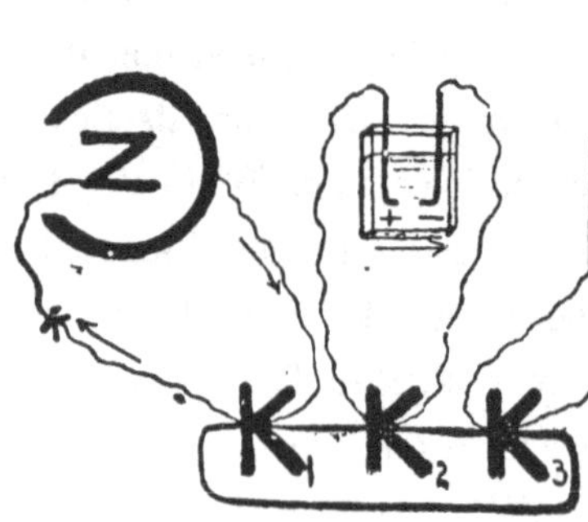

Fig. 37.

vor dem verhältnismäßig starken Batteriestrom zu schützen, der jetzt zur Anwendung kommen soll, und der durch das Element, und wie die Pfeile andeuten, durch den Galvanometer gehen würde), polarisiere ich die Elektroden einen Augenblick, indem ich K_1 öffne. Endlich schalte ich die Batterie aus, indem ich K_1 schließe und schalte den Galvanometer ein, indem ich K_3 öffne; der Galvanometer zeigt einen Strom an, welcher der Pfeilrichtung entgegengesetzt verläuft, weil er von den nunmehr polarisierten Elektroden ausgeht.

Der Schlüssel K_2, mit dem diese verbunden sind, ist während des ganzen Versuchs offen geblieben. Die Elektroden wurden von der Batterie aus mittels K_1 sozusagen geladen und mittels K_3 durch den Galvanometer entladen; und wie man bemerkt haben wird, ist der Ausschlag um so größer, je länger die Polarisation bestanden hat, und um so kleiner, je längere Zeit zwischen der Schließung von K_1 und K_3 verstrichen ist, d. h. je länger die Depolarisation gedauert hat.

Es scheint, als hätten wir uns weit von dem Fall des lebenden Nerven entfernt, aber in Wirklichkeit ist der Abstand zwischen diesem und der elektrolytischen Zelle nicht so groß, wie er aussieht. Zwei Versuche werden, denke ich, hinreichen, um die Kluft zu überbrücken oder doch wenigstens den Übergang von einer Erscheinungsklasse zur andern zu vermitteln — von der rein physikalischen Elektrolyse zu der Elektrolyse, welche gleichzeitig auch physiologisch ist, von der Zersetzung lebloser zu der Zersetzung lebender Materie.

Der erste dieser beiden Versuche ist dazu bestimmt, die zuerst von du Bois-Reymond festgestellte Thatsache zu erläutern, daß die Grenzfläche zwischen feuchten Elektroden der Sitz elektrolytischer Polarisation sein kann; der zweite soll den physikalischen Mechanismus der elektrotonischen oder extrapolaren Ströme veranschaulichen, welche durch die Polarisation erzeugt werden.

Den ersten dieser beiden Punkte wüßte ich nicht besser zu erläutern, als durch einen höchst einfachen Versuch, der mir erst vor wenigen Tagen, als zur öffentlichen Demonstration geeignet, eingefallen ist, und von dem ich doch schon zu behaupten wage, daß er nie versagt. Ich kann mich nur wundern, daß ich nicht schon eher darauf gekommen bin, da mir schon oft ein derartiger Versuch fehlte, und ich mich gefragt habe, ob die lebenden Gewebe des menschlichen Körpers, wenn ein galvanischer Strom hindurchgeht, eine nachweisbare innere Polarisation ausüben, oder ob sie von dem alkalischen Blut, das ihre Kapillargefäße durchströmt, sozusagen zu gründlich bespült werden.

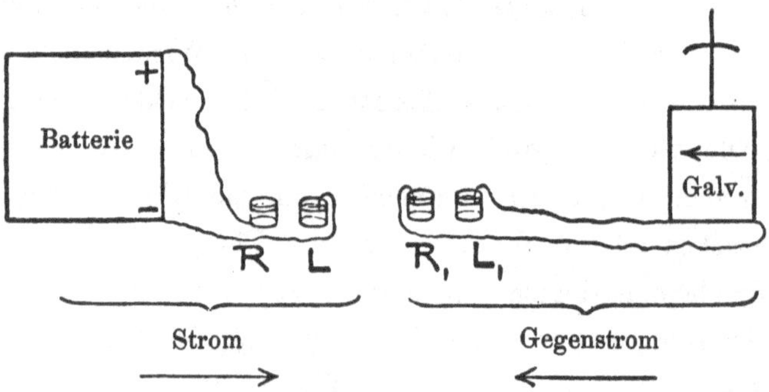

Fig. 38. Schema des Apparats zur Demonstration der „inneren Polarisation" am Menschen.

Versuch. — Zwei mit Salzlösung gefüllte Gefäße, *R* und *L*, sind mit den Polen einer Batterie verbunden. Zwei andere, gleichfalls mit Salzlösung gefüllte Gefäße, R_1 und L_1, stehen mit einem Galvanometer in Verbindung, der in der Weise kurz geschlossen ist, daß, wenn der Stromkreis durch Eintauchen eines Fingers in je eines der beiden Gefäße geschlossen wird, zufällige Ungleichheiten auf beiden Seiten den Apparat nicht beeinflussen. Hierauf polarisiere ich mich selbst während eines Augenblicks, indem ich zwei Finger in die mit der Batterie verbundenen Gefäße RL tauche, und bringe dann schnell dieselben beiden Finger in die mit dem Galvanometer verbundenen Gefäße R_1 L_1. Sofort tritt ein kräftiger Ausschlag des Galvanometers ein. Diese Polarisationswirkung ist jedoch gemischt und kann äußerlich an der Eintritts- oder Austrittsstelle des Stroms zwischen Haut und Flüssigkeit entstanden sein; sie soll lediglich dazu dienen, um die Richtung zu zeigen, in welcher man die innere Polarisationswirkung zu erwarten hat, falls sie überhaupt vorhanden ist. Dann schalte ich meine möglicherweise polarisierten Gewebe in den Stromkreis des Galvanometers ein, indem ich ein anderes Paar Finger in die Gefäße L_1 R_1 tauche und auf diese Weise die äußere Polarisation des ersten Fingerpaares vermeide. Es tritt jetzt gleichfalls ein kräftiger Ausschlag ein, zwar nicht ganz so stark wie zuvor, aber in derselben Richtung. Dieser Ausschlag ist unabhängig von äußerer Polarisation und beweist, daß die Gewebe unter der Haut innerlich polarisiert sind. Wiederholt man den Versuch mit umgekehrtem Strom, so erhält man das umgekehrte Resultat. Aber zu diesem Zweck muß man den Strom längere Zeit andauern lassen, damit die erste Polarisationswirkung sich verlieren kann.

Ich will hier nicht näher darauf eingehen, wo der Sitz dieser Wirkung ist, die offenbar an vielen verschiedenen Grenzflächen zwischen den ungleichartigen, vom Strom durchflossenen Geweben entstehen kann, sondern ich gebe den Versuch, wie er ist, als Beweis, daß lebende Gewebe im ganzen innerlich polarisierbar sind. Einen besonderen Aufschluß über die Polarisierbarkeit einzelner Gewebe giebt er nicht.

Der zweite Versuch, der uns zum lebenden Nerven hinüberleitet, ist rein physikalisch und demonstriert indirekt eine eigentümliche Verteilung des Stromes, die durch Polarisation bewirkt wird und bezeichnend für den Nerven ist, bei dem die Polarisation leichter hervorgerufen und schwerer nachgewiesen werden kann, als bei allen andern Geweben, weil sie so außerordentlich schnell verschwindet. Ich kenne kein direktes Mittel,

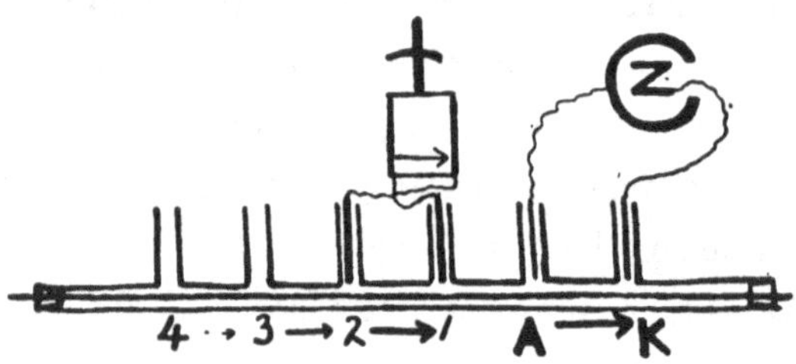

Fig. 39. „Anelektrotonischer" Strom beim Kernleiter-Modell.

um die innere Polarisation am Nerven nachzuweisen. Der Hauptbeweis für ihr Vorhandensein ist die eigentümliche extrapolare Verteilung des Stroms im Nerven, die man als elektrotonischen Strom bezeichnet. Einen ähnlichen extrapolaren Strom werden wir nunmehr an einem polarisierbaren Kernleiter-Modell wahrnehmen, das aus einem Platindraht mit einer flüssigen Hülle aus schwefelsaurem Zink besteht.

Versuch. — Der erste oder polarisierende Strom (Fig. 39) geht von *A* nach *K*. Infolge eintretender Elektrolyse an der Ein- und Austrittsfläche zwischen der flüssigen Hülle und dem Metallkern entsteht ein Gegenstrom, der als Widerstand wirkt, und dadurch die Ein- und Austrittsflächen veranlaßt, sich an dem Modell entlang zu verbreiten. Auf der Figur muß man sich denken, daß der anodische oder elektropositive Zustand in der Richtung nach links allmählich von einem Maximal- auf einen Minimalwert heruntergeht, sodaß man, wenn man einen Galvanometer nacheinander mit den extrapolaren Punkten 1 und 2, 2 und 3, 3 und 4 in Verbindung bringt, drei abnehmende

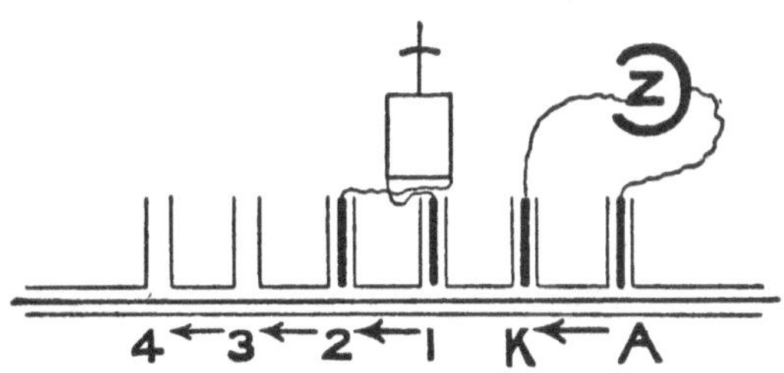

Fig. 40. „Katelektrotonischer" Strom beim Kernleitermodell.

Stromwerte 1 : 2, 2 : 3, 3 : 4 (im Drahtkern 2 : 1, 3 : 2, 4 : 3) erhält.

Ganz dieselbe Wirkung würde man beobachten, wenn man den Galvanometer mit einer Reihe von Punkten auf der Kathodenseite rechts vom polarisierenden Strom auf Fig. 40 verbände. Einfacher ist es jedoch, die Pole der polarisierenden Batterie umzukehren, sodaß die Pfeile sämtlicher Ströme nach links statt nach rechts gerichtet sind.

Diese extrapolaren Ströme auf der Anodenseite (Fig. 39) und auf der Kathodenseite (Fig. 40) sind eine genaue Nachbildung derjenigen Erscheinungen, die dem

Physiologen als anelektrotonische und katelektrotonische Nervenströme bekannt sind. Und es ist höchst wahrscheinlich, daß diese wie jene elektrolytischen Ursprungs sind.[1]

Was nun die mögliche spätere Identifizierung der Zersetzungsprodukte im Nerven betrifft, so müssen wir auf unserer Hut sein. An der Anode tritt der Strom in die Flüssigkeit ein und verläßt sie wieder, um in den Metallkern überzugehen; die Ionen, die an der Grenzfläche zwischen der Hülle und dem Kern entstehen, sind also kathodisch oder basisch. Ebenso sind die Ionen der den Kern umgebenden flüssigen Hülle unter der primären Kathode nicht kathodisch, sondern anodisch oder sauer.

Dieser Punkt wird wieder zur Sprache kommen, wenn wir uns mit markhaltigen Nervenfasern beschäftigen, bei denen sowohl Kern als Scheide feuchte, nicht metallische Leiter sind. Inzwischen will ich, um einer häufig gemachten Verwechslung zwischen Anode und Kathode, Eintritts- und Austrittsstelle des Stroms, vorzubeugen, einen typischen Versuch zeigen, bei dem die

[1] Ähnliche Versuche können auch an Kernleitermodellen ohne Kern ausgeführt werden; so z. B. an einer Thonröhre, die mit einer Salzlösung getränkt und mit einer Kupfersulfatlösung gefüllt ist; in der That hat du Bois-Reymond schon vor langer Zeit nachgewiesen, daß an der Grenzfläche zwischen ungleichartigen, von einem Strom durchflossenen Elektrolyten Elektrolyse entsteht (Wasserstoff und Basen im Elektrolyt auf der Anodenseite, Sauerstoff und Säuren im Elektrolyt auf der Kathodenseite). *Monatsberichte d. Berl. Akad.*, 17. Juli 1856. Über Polarisation an der Grenze ungleichartiger Elektrolyte. Gesammelte Abhandlungen. Bd. 1, S. 1.

anodischen Flächen durch ihren sauren Charakter sichtbar gemacht werden. Bei dem Versuch auf Fig. 41 befinden sich die Batterieelektroden (aus Platin) bei 1 und 4, die Elektroden zwischen der flüssigen Hülle und dem Platinkern bei 2 und 3. Der Reihenfolge nach haben wir eine Eintrittsstelle des Stroms in die Flüssigkeit bei 1, eine Austrittsstelle bei 2, eine zweite

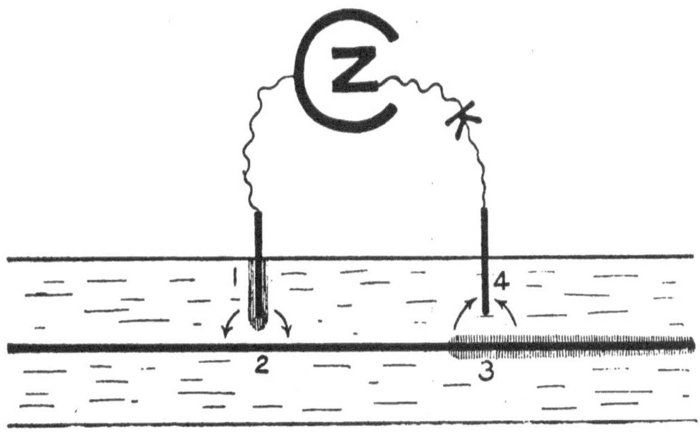

Fig. 41. **Der Versuch zeigt den Eintritt des Stromes in die Hülle und den Austritt desselben aus der Axe eines Kernleitermodells. Der Strom in der Richtung 1, 2, 3, 4 tritt bei 1 und 3 in die Flüssigkeit ein, und verläßt sie bei 2 und 4; 1 und 3 sind also „anodisch", 2 und 4 „kathodisch" zur Flüssigkeit.**

Eintrittsstelle bei 3 und eine zweite Austrittsstelle bei 4. Die Flüssigkeit ist eine Dextrin- und Jodkalilösung. Bald nachdem der Batteriestrom geschlossen worden ist, giebt sich die Wirkung der anodischen Elektrolyse durch eine Röte an den beiden Grenzflächen 1 und 3 zu erkennen und man wird bemerken, daß bei dieser letzteren die Wirkung unter der primären Kathode am stärksten ausgeprägt ist, sich aber allmählich abnehmend noch bis zu einer erheblichen Entfernung in einer extrapolaren Richtung am Draht hinzieht.

Das Kernleitermodell, das bei dem Versuch auf S. 98 angewendet wurde, bestand aus einem Platindraht in einer Lösung von schwefelsaurem Zink. Bei diesem unterscheiden sich die anodischen und kathodischen extrapolaren Ströme nicht merklich durch ihre Stärke.

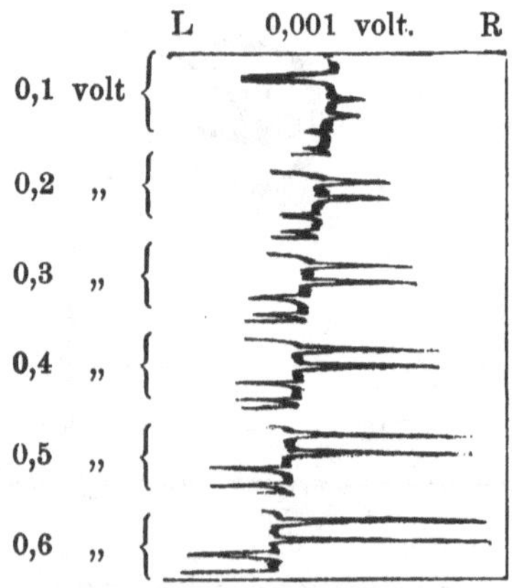

Fig. 42 (2369). Extrapolare (= „elektrotonische") Ströme eines Froschnerven, erzeugt durch polarisierende Ströme von zunehmender Stärke, 0,1 bis 0,6 Volt. Bei jeder Zunahme wurden die anelektrotonischen und katelektrotonischen Ströme zweimal geschlossen. Ihre Stärke ergiebt sich ungefähr aus dem Vergleich mit dem Probeausschlag von 0,001 Volt am Beginn des Versuchs.

Ich habe hier ein anderes Kernleitermodell, das aus Zinkdraht in Kochsalzlösung besteht; hier sind die Wirkungen verschieden. Wird der polarisierende Strom in einer Richtung (nach rechts) geschlossen, so entsteht ein ausgeprägter anodischer Strom (nach rechts). Schließt man ihn in der umgekehrten Richtung (nach links), so entsteht ein viel schwächerer kathodischer extrapolarer Strom (nach links).

Die Vorgänge in diesen beiden Kernleitern sind charakteristisch für die Nerven kaltblütiger Tiere einerseits, warmblütiger Tiere andrerseits. Ich gedenke diese einleitenden Bemerkungen abzuschließen, indem ich den Unterschied flüchtig veranschauliche. Zu diesem Zweck wähle ich die Nerven eines Frosches und einer jungen Katze und lege sie nacheinander auf zwei Elektroden-

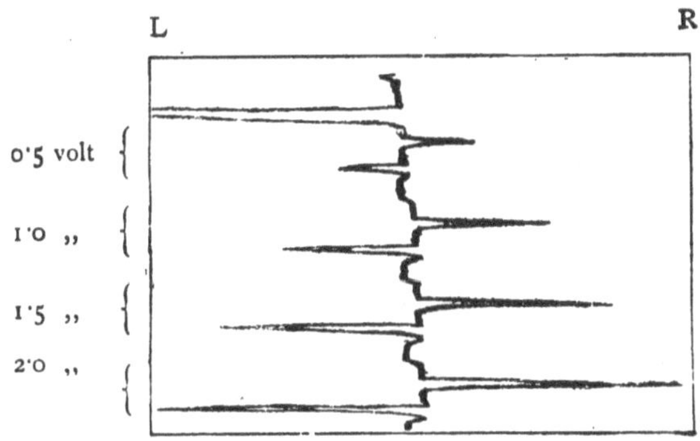

Fig. 43 (2383). Extrapolare (= „elektrotonische") Ströme eines Katzennerven, erzeugt durch polarisierende Ströme von zunehmender Stärke, 0,5 bis 2,0 Volt. (Der Probeausschlag von 0,001 Volt hat einen Wert von 40 mm, sodaß die anelektrotonischen und katelektrotonischen Ströme von 2 Volt eine elektromotorische Kraft von ungefähr 0,0007 Volt haben.)

paare, durch welche der polarisierende Strom dem Nerven zugeführt und der extrapolare Strom zum Galvanometer abgeleitet wird.

Beim Froschnerven ist die anodische extrapolare Wirkung (nach rechts) verhältnismäßig stark, die kathodische extrapolare Wirkung (nach links) verhältnismäßig schwach. Die extrapolaren Wirkungen beruhen nicht auf Stromschleifen, denn sie werden, wie man sieht, vollständig aufgehoben, wenn man den Nerven zwischen den beiden Elektrodenpaaren quetscht.

Bei dem Katzennerven sind die anodischen und kathodischen extrapolaren Wirkungen gut ausgeprägt und gleichmäßig stark. Auch sie werden vollständig aufgehoben, wenn man den Nerven zwischen den beiden Elektrodenpaaren quetscht.

Die beiden letzten Versuche, insbesondere der am Froschnerven, werden den Ausgangspunkt der nächsten Vorlesung bilden. Wir werden im Laufe derselben zu der Überzeugung gelangen, daß diese extrapolaren Ströme physiologischer Natur sind, wenigstens beim Froschnerven. Vom Säugetiernerven weiß ich wenig, kann also auch nicht viel über ihn aussagen. Der isolierte Nerv des Säugetiers giebt keine „negative Schwankung“; dies hielt mich davon ab, ihn zum Gegenstand systematischer Untersuchungen zu machen. Vorläufig ist er mir noch ziemlich fremd und rätselhaft.

Anmerkung. — Elektrotonische Ströme sind nach Biedermann an marklosen Nervenfasern weniger ausgeprägt als an markhaltigen; die katelektrotonischen fehlen überhaupt. Dies wird jedoch von Boruttau bestritten. (Pflüger's Archiv LXVI, S. 285, 1897.)

Das Vorhandensein elektrotonischer Ströme in marklosen Fasern steht scheinbar im Widerspruch mit der in diesen Vorlesungen ausgesprochenen Anschauung, daß die Grenzfläche zwischen Axencylinder und Markscheide der Punkt ist, wo die elektrolytische Polarisation stattfindet. Aber die Fasern sind nicht absolut marklos, da viele von ihnen mehr oder weniger deutlich und gleichmäßig mylinhaltig sind und in jedem Fall erscheint die elektrotonische Ausbreitung bei ihnen viel weniger ausgeprägt, als bei Nerven mit ausgebildeter Markscheide. Vielleicht zeigt sich später ein tieferer Sinn in der Beziehung, die anscheinend zwischen den relativen Stärken der anelektrotonischen und katelektrotonischen Wirkungen bei den verschiedenen Nervenarten besteht, und wonach bei marklosen Fasern der Anelektrotonus viel größer ist, als der Katelektrotonus, bei markhaltigen Fasern von Kaltblütern der Anelektrotonus größer ist als der Katelektrotonus und bei markhaltigen Fasern von Warmblütern Anelektrotonus und Katelektrotonus gleich sind.

Doch erscheint es mir noch zweifelhaft, ob die extrapolaren anelektrotonischen und katelektrotonischen Ströme am isolierten Säugetiernerven wirklich „physiologisch“ sind; auch ist mir noch nicht bekannt, ob das Fehlen der „negativen Schwankung“ bei diesem Nerven auf irgend eine Art mit der Gleichheit dieser Ströme zusammenhängt.

Litteratur.

„Polare Wirkungen" wurden zuerst eingehend beschrieben in PFLÜGER's *„Untersuchungen über die Physiologie des Elektrotonus"*. Berlin, 1859.

Über polare Wirkungen am Menschen siehe WALLER und DE WATTEVILLE in den *Phil. Trans. R. S.* v. J. 1882. (Influence of Galvanic Current on the Excitability of Motor Nerves of Man.)

Polarisierbare Kernleitermodelle wurden zuerst systematisch untersucht von HERMANN (PFLÜGER's *Archiv*, Bd. V., VI., VII. 1872/73. *Handbuch*, 2. Bd., S. 174.) Sie wurden kürzlich noch eingehender erforscht von BORUTTAU (PFLÜGER's *Archiv*, 1894/96).

Diese drei Gegenstände sind kurz zusammengefaßt in meiner *„Introduction to Human Physiology"*, 3. Aufl., S. 364, 366, 370.

Innere Polarisation wird zuerst erwähnt von DU BOIS-REYMOND in den *„Untersuchungen über thierische Elektricität"*, 1849, und später in seiner Abhandlung *„Ueber sekundär-elektromotorische Erscheinungen an Muskeln, Nerven und elektrischen Organen."* *Archiv f. Anat. u. Phys.* 1884. *Phys. Abtlg.*

Mit Rücksicht auf die gesperrt gedruckten Worte auf S. 97 ist folgender Satz besonders interessant: „Ich begreife aber heute nicht, warum ich nicht den Versuch so abänderte, daß beispielsweise mit den Zeigefingern der Schlag genommen, von den Mittelfingern die sekundär-elektromotorische Wirkung abgeleitet wurde." (A. a. O. S. 29.)

Fünfte Vorlesung.

Elektrotonus.

Anelektrotonus und Katelektrotonus. Wirkung von Äther und Chloroform. Physiologische und physikalische Wirkungen. Die elektro-motorische Leistungsfähigkeit lebender Materie. Beziehung zwischen polarisierenden und extrapolaren Strömen im Nerven. Stromstärke. Abstand. von Fleischl's Versuch. Aktionsströme sind Gegenströme. Extrapolare Wirkungen im Säugetiernerven.

Unser Hauptversuch besteht heute in der Demonstration der du Bois-Reymond'schen elektrotonischen Ströme, die von Physiologen gewöhnlich als Anelektrotonus und Katelektrotonus bezeichnet werden.

Versuch (Fig. 44). Der Nerv, der auf zwei unpolarisierbaren Elektrodenpaaren ruht, empfängt durch $p\,p'$ den polarisierenden Strom aus einer Batterie (im vorliegenden Fall 1,5 Volt Spannung). Der elektrotonische Strom wird durch $e\,e'$ abgeleitet und vom Galvanometer angezeigt. Der polarisierende Stromkreis wird nach Belieben mit einem Schlüssel geschlossen. Die Stromrichtung verändert man mittels eines Umschalters[1], der parallel zu der durchsichtigen Skala des Galvanometers ist.

---

[1] Bei längeren Versuchen bedient man sich eines rotierenden Schlüssels, der den polarisierenden Strom durch den Nerven in regelmäßigen Abständen nach verschiedenen Richtungen schließt.

Der Nerv befindet sich dem Beschauer gegenüber, und die Verbindungen sind so angeordnet, daß die Richtung, in der sich der Lichtfleck bewegt, die Stromrichtung im Nerven anzeigt. Schließe ich nun den Schlüssel und erzeuge einen polarisierenden Strom in der Richtung $p\ p'$, so findet alsbald ein kräftiger Ausschlag nach rechts statt, der das Vorhandensein eines extrapolaren Stroms im Nerven in derselben Richtung

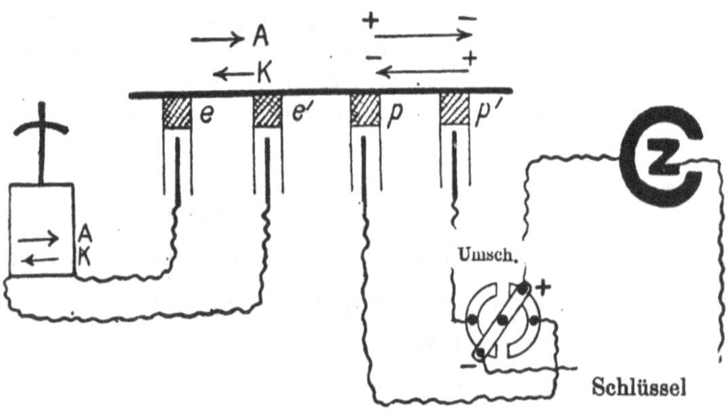

Fig. 44. Schema des Versuchs zur Veranschaulichung des Anelektrotonus und Katelektrotonus.

von e nach e', oder zur polarisierten Strecke des Nerven, anzeigt. Dieser Strom ist anelektrotonisch und wird so genannt, weil er sich auf der Anodenseite von $p\ p'$ befindet.

Drehe ich den Umschalter nach links und schließe den Schlüssel von neuem, so erzeuge ich einen polarisierenden Strom in der umgekehrten Richtung $p'\ p$; es findet nun ein etwas weniger ausgeprägter Ausschlag nach links statt, der anzeigt, daß ein extrapolarer Strom im Nerven in der Richtung nach links, von e' nach e

oder von der polarisierten Strecke $p' p$ weg, vorhanden ist. Dieser Strom ist katelektrotonisch und wird so genannt, weil er sich auf der Kathodenseite von $p' p$ befindet.

Man wird bemerkt haben — ich wiederhole die beiden Versuche noch einmal rasch hintereinander — daß der extrapolare oder elektrotonische Strom, gleichviel ob Anelektrotonus oder Katelektrotonus, jedesmal in derselben Richtung durch den Nerven hindurchgeht wie der polarisierende Strom, der ihn erzeugt.

Hierüber wird man zunächst vielleicht eine gewisse Enttäuschung empfinden — wenigstens ging es mir so, als ich den Versuch zuerst wiederholte. Weiter nichts? Nein, weiter nichts; das ist der Kern der ganzen Frage, die in einer langen, über die letzten fünfzig Jahre sich erstreckenden Reihe von Arbeiten ausführlich abgehandelt worden ist; so ausführlich, daß selbst ein aufmerksamer Leser, wenn er nicht besonders auf die Einfachheit der Thatsachen hingewiesen wird, den Hauptpunkt entweder ganz übersehen kann, oder wie dies bis vor kurzem in allen englischen Lehrbüchern geschah, ganz unnötigerweise mit dem Verletzungsstrom zusammenwirft. In der That beging du Bois-Reymond selbst am Beginn seiner Untersuchungen diesen Irrtum, aber während er sich höchstens einige Monate darin befand, bewahrten ihn unsere Lehrbücher gewissenhaft fünfzig Jahre lang auf.

Die nächste Regung wird sein, daß man Verdacht schöpft. Sollte es sich nicht einfach um Stromschleifen handeln, ähnlich wie sie an einem nassen Wollstrang stattfinden? Dieser Gedanke ist vollkommen berechtigt; Stromschleifen könnten sehr leicht entstehen; sie kommen sogar häufig vor; man muß sorgfältig bemüht sein, sie zu verhüten und sich dann auch noch überzeugen, daß sie wirklich verhütet worden sind.

Aber noch ehe dies geschehen ist, wird man einen Umstand bemerkt haben, der darauf schließen läßt, daß im Nerven noch etwas anderes vorhanden ist, als bloße Stromschleifen. Beim Anelektrotonus ist der Ausschlag größer als beim Katelektrotonus. Wären beide Ausschläge durch Stromschleifen entstanden, so würden sie gleich sein.

Damit ist jedoch die Möglichkeit von Stromschleifen noch nicht ausgeschlossen, denn diese könnten auch neben jenem eigentümlichen Etwas bestehen, das wir bereits zu unterscheiden anfangen. Wir wollen also noch eine Probe machen.

Zu diesem Zweck betäuben wir den Nerven mit Äther oder Chloroform, und bewirken dadurch eine Trennung des „physiologischen“ Faktors von dem „rein physikalischen“ Faktor der Erscheinung, die, als Ganzes betrachtet, natürlich physikalisch ist. Der physiologische Faktor, welcher von physikalisch-chemischen Bedingungen abhängig ist, die dem lebenden Zustand eigentümlich sind, wird durch diese Behandlung beseitigt; der rein physikalische, der von den physikalischen Eigenschaften des toten Nerven abhängt, besteht fort.

Äther, Chloroform. — Ich lasse hier zwei Versuche folgen, bei denen diese Probe gemacht worden ist, und aus denen hervorgeht, wie zweckmäßig es ist,

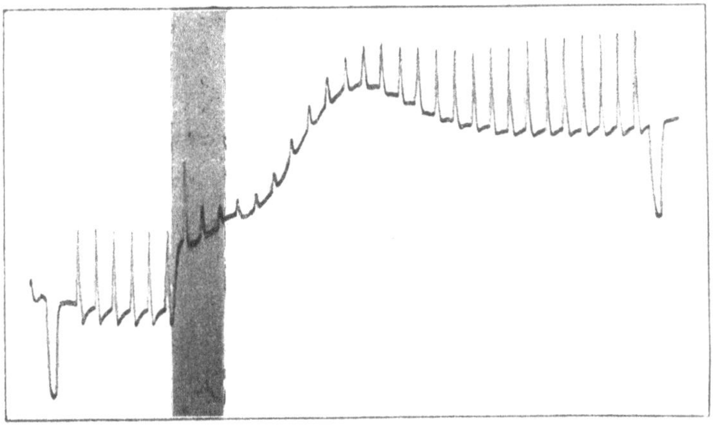

Fig. 45. Wirkung von Äther auf den Anelektrotonus.

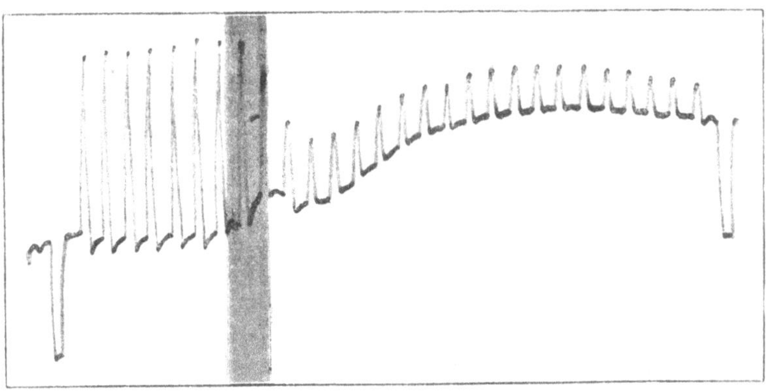

Fig. 46. Wirkung von Chloroform auf den Anelektrotonus.

die Gesamterscheinung in zwei Faktoren zu zerlegen: den physiologischen Faktor oder echten Anelektrotonus und Katelektrotonus, welcher dem Einfluß von anästhetischen Mitteln unterworfen ist — und dem rein physikalischen Faktor oder „physikalischen[1] Elektrotonus" der deutschen Autoren, welcher durch Anästhetika nicht unterdrückt wird, und den wir mit dem farblosen und zu nichts verpflichtenden Ausdruck „bleibende Ablenkung" bezeichnen wollen.

Diese bleibende Ablenkung, die auf Fig. 46 besonders gut ausgeprägt ist, nimmt mit der Zeit allmählich ab, hauptsächlich wohl dadurch, daß der Nerv eintrocknet und der Widerstand sich verringert, eine Wirkung, die, wie man sich erinnern wird, eine Folge anästhetischer Mittel ist. Dies ist jedoch eine Einzelheit, bei der wir uns nicht aufhalten wollen; auch ist es wohl kaum nötig, darauf hinzuweisen, daß in diesem Fall, wie bei der negativen Schwankung, das Chloroform

[1] Wieviel hängt manchmal an einem Wort! Hering und mit ihm Biedermann unterscheiden einen „physiologischen" und einen „physikalischen" Elektrotonus. Lange Zeit glaubte ich, daß der physikalische Elektrotonus eine Erscheinung bezeichnen sollte, die ein Mittelding wäre zwischen der dem lebenden Nerven eigentümlichen physiologischen Wirkung und den physikalischen Stromschleifen, d. h. einen Elektrotonus, der auch dem toten, sonst aber anatomisch vollkommenen Nerven zukäme. In diesem Glauben war es mir, obgleich ich ausdrücklich erklärt hatte, Anästhetika zur Unterscheidung des Elektrotonus von der Stromschleife angewendet zu haben, beinahe gelungen, mir einzureden, daß es außer der Stromschleife noch einen besonderen physikalischen Elektrotonus gäbe. Später habe ich dann von Hering erfahren, daß „physikalischer Elektrotonus" einfach ein technischer Ausdruck ist, der nichts weiter bezeichnen soll, als Stromschleifen.

eine dauernde, der Äther eine vorübergehende Wirkung ausübt.

Es giebt noch andere Anzeichen, aus denen hervorgeht, daß den extrapolaren Strömen Anelektrotonus und Katelektrotonus, obgleich sie in letzter Instanz physikalisch und, wie wir sehen werden, elektrolytischen Ursprungs sind, doch eigentlich die ziemlich unbestimmte Bezeichnung „physiologisch“ zukommt.

Unterbricht man die physiologische Kontinuität des Nerven zwischen den zuleitenden und ableitenden Elektroden, indem man ihn in der intrapolaren Strecke *e' p* (Fig. 44) quetscht, oder besser, indem man ihn mit einem Tropfen starker Säure berührt, so verschwindet das physiologische Leitungsvermögen vollständig; das physikalische Leitungsvermögen bleibt intakt (oder wird sogar, bei Anwendung von Säure, gesteigert) aber die extrapolaren Wirkungen des Anelektrotonus und Katelektrotonus hören vollständig auf.

Erhöht man die Temperatur des Nerven bis über 40° oder verringert man sie bis — 5°, so nimmt zwar das physikalische Leitungsvermögen — im ersteren Falle wenigstens — zu, aber die extrapolaren Ströme Anelektrotonus und Katelektrotonus werden entweder vorübergehend oder dauernd aufgehoben.

Man trockne den Nerven und befeuchte ihn dann wieder. War er vollständig ausgetrocknet, so erhält man keine anelektrotonischen und katelektrotonischen Ströme mehr. Wa er dagegen nicht ganz tro cken, so kommen die Ströme wieder deutlich zum Vorschein.

In der That wissen wir aus Erfahrung, daß man einen Nerven erregen kann, daß er dann durch Eintrocknen seine Erregbarkeit vorübergehend einbüßt, und wenn er nicht zu trocken geworden ist, durch Feuchtigkeit wieder erregbar gemacht werden kann.

Die Zeit verbietet mir, heute einen Temperaturversuch anzustellen. Das Ergebnis desselben ist auf Fig. 63 abgebildet. (Erst in diesem Augenblick fällt mir ein, daß ich, um die Wirkung im groben rasch zu zeigen, den Nerven einfach in eine heiße Salzlösung hätte tauchen können.) Dagegen ist der Beweis, daß die soeben wahrgenommenen anelektrotonischen und katelektrotonischen Wirkungen nicht auf Stromschleifen beruhen, leicht erbracht. Quetscht man den Nerven mit einer Zange und macht, wie zuvor, die Probe, so zeigt sich, daß sie vollständig aufgehoben sind. Es erfolgt absolut kein Ausschlag, folglich ist auch keine Stromschleife vorhanden.

Diese Ströme beruhen also auf dem physiologischen Zustand des Nerven, auf seinen Lebenseigenschaften, und verändern sich, wie ich hinzufügen will, mit den Veränderungen dieses Zustandes. Ein mangelhafter Nerv giebt schlechte Ströme; besonders in dieser Jahreszeit (Februar), die für Froschnerven die ungünstigste ist.

Es unterliegt wohl kaum einem Zweifel, daß diese extrapolaren Ströme eine Wirkung elektrolytischer Polarisation sind. Diese Anschauung, die von Matteucci ausgeht und von Hermann, sowie neuerlich von Boruttau weiter ausgearbeitet worden ist, hat die ursprüngliche Auffassung du Bois-Reymond's, des Entdeckers der

Thatsachen, vollständig verdrängt, so daß es nur zu Verwickelungen Anlaß geben würde, wenn ich hier auf diese letztere einginge. Wer sich darüber unterrichten will, findet die ganze Angelegenheit ausführlich erörtert in der „Thierischen Electricität", Bd. II, S. 289—389.

Der Nerv, der aus markhaltigen Fasern zusammengesetzt ist, stellt einen Elektrolyten dar, oder vielmehr zwei Elektrolyten. Jede Faser besteht im wesentlichen aus einem grauen Kern, der mit einer Scheide von weißer Substanz umgeben ist. Aus dem Umstande, daß der aus solchen Fasern zusammengesetzte Nerv das einzige[1] Gewebe des Körpers ist, welches die oben beschriebenen extrapolaren Ströme aufweist, dürfen wir schließen, daß die Trennungsfläche zwischen dem Axencylinder und der Markscheide die elektrolytische Grenzfläche ist.

Die elektrolytischen Wirkungen sind folgende: Der Strom tritt an der Anode in den Nerven ein und geht durch die Markscheide in den Axencylinder über; an der Grenzfläche zwischen Markscheide und Axencylinder tritt er aus der Markscheide aus, wobei die positiven Ionen (Basen, Wasserstoff) frei werden und tritt in den Axencylinder ein, wobei die negativen Ionen (Säuren, Sauerstoff, u. s. w.) frei werden. Der Strom verläßt den Nerven an der Kathode; an der Grenzfläche zwischen Axencylinder und Markscheide tritt er aus dem Axencylinder

[1] Mit gewissen Einschränkungen, wie in der Anmerkung zur vierten Vorlesung, S. 104, bemerkt ist.

aus und in die Markscheide ein; folglich werden an ersterem positive, an letzterer negative Ionen frei. Der Gegenstrom dieser freigewordenen Ionen schwächt den primären Strom, er wirkt thatsächlich wie eine Vermehrung des Widerstandes an der Grenzfläche, durch welche der Strom veranlaßt wird, sich auf beiden

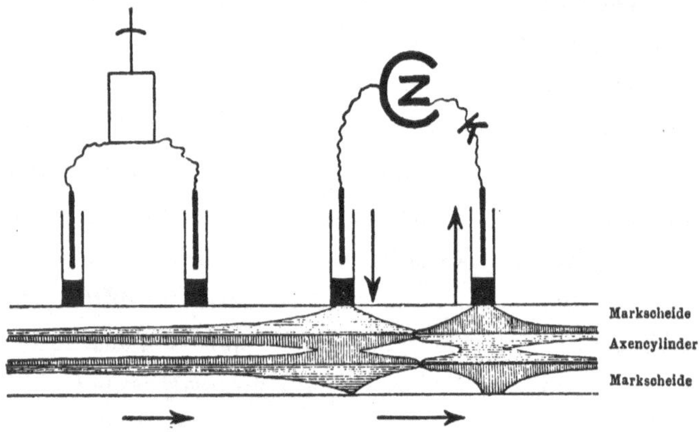

Fig. 47. Schema zur Erläuterung der Theorie, daß die extrapolaren Ströme in markhaltigen Nervenfasern auf der Elektrolyse an der Grenzfläche zwischen Markscheide und Axencylinder beruhen. Verfolgt man die Richtung des polarisierenden Stroms vom Kupfer zum Zink durch die Nervenfaser, so hat man:

1. Anode zur Markscheide.	Saure	Elektrolyse.	
2. Kathode zur Markscheide.	Basische	„	Horizontale Schraffierung.
3. Anode zum Axencylinder.	Saure	„	Senkrechte „
4. Kathode zum Axencylinder.	Basische	„	Horizontale „
5. Anode zur Markscheide.	Saure	„	Senkrechte „
6. Kathode zur Markscheide.	Basische	„	

Seiten von jeder Elektrode der Länge nach auszubreiten. So erklären sich die extrapolaren anodischen und kathodischen Ströme, die wir am Anfang der Vorlesung wahrnahmen.

Man wird vielleicht wieder einwenden, diese Erscheinung sei nicht physiologisch, sondern physikalisch.

Gewiß ist sie physikalisch; das schließt jedoch nicht aus, daß sie auch physiologisch sei. Sie ist physiologisch, insofern sie von physiologischen Bedingungen abhängt, nämlich von dem Zustand, den wir Leben nennen, einem Zustand eigentümlichen physikalisch-chemischen Gleichgewichts, der allen möglichen modifizierenden Einflüssen unterworfen ist, der Temperatur, der Feuchtigkeit, Reagentien, kurz, all' den Wirkungen, die wir, ohne sie zu analysieren, unter allgemeinen Bezeichnungen zusammenzufassen gewohnt sind.

Die Erscheinung ist also physikalisch, aber sie ist auch physiologisch; die beiden Begriffe schließen einander nicht aus, es sei denn, daß man als physiologisch nur solche Erscheinungen bezeichnen will, deren physikalisch-chemischer Mechanismus sich unserer Kenntnis entzieht. Das Hauptziel der physiologischen Forschung besteht darin, die physiologischen Vorgänge in physikalischen oder chemischen Formeln auszudrücken. Ich wage zu hoffen, daß es uns gelingen wird, diesem Ziel erheblich näher zu rücken; ich würde weder enttäuscht noch überrascht sein, wenn sich herausstellen sollte, daß der größte Teil der Erscheinungen, die wir am lebenden Nerven studiert haben, einfache Erscheinungen der Elektrolyse sind, und daß die lähmende Wirkung, die Anästhetika, Narkotika und Alkaloïde auf den Nerven ausüben, sich schließlich als eine chemische Fixierung normalerweise durch Elektrolyse veränderlichen Protoplasmas erweisen wird. Ich beabsichtige jedoch diesen Gedankengang hier nicht weiter zu verfolgen, als nötig ist, um den Leser davon zu überzeugen, daß es der ausgesprochene Zweck der Physiologie ist, für das „Physiologische“ physikalische und chemische Ausdrücke zu finden.

So besteht denn auch unsere nächste Aufgabe zum Teil darin, alle zugänglichen elektro-physiologischen Erscheinungen am Nerven daraufhin zu untersuchen,

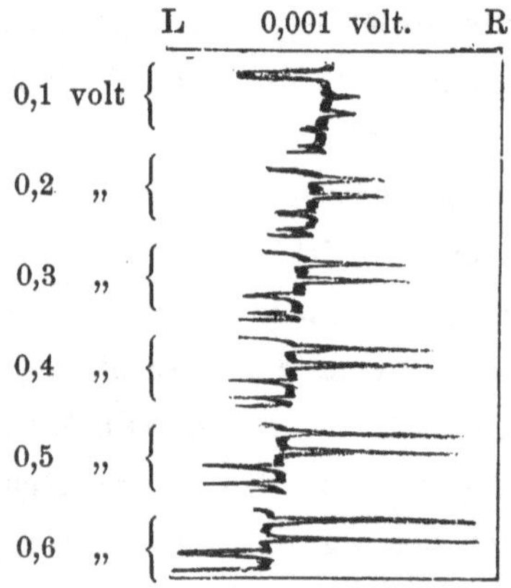

Fig. 48 (2369). Extrapolare (= elektrotonische) Ströme des Froschnerven, hervorgerufen durch polarisierende Ströme von zunehmender Stärke, 0,1 bis 0,6 Volt. Bei jeder Verstärkung sind die anelektrotonischen und katelektrotonischen Ströme zweimal aufgenommen. Ihre Größe kann ungefähr geschätzt werden durch Vergleich mit dem Probeausschlag von 0,001 Volt, der zu Beginn des Versuchs aufgenommen wurde.

ob sie auf die etwas weniger geheimnisvolle Form elektro-physikalischer oder chemischer Vorgänge zurückzuführen sind.

In diesem Zusammenhange haben wir uns zuerst mit den von Bernstein und von Hermann entdeckten Wirkungen zu beschäftigen, nämlich mit dem elektrotonischen Dekrement und dem polarisatorischen Inkrement.

Vorher möchte ich aber noch einige Punkte erörtern, welche die elektrotonischen Ströme selbst betreffen.

Zu diesem Zweck werde ich einige einfache Versuche vorführen, welche zeigen sollen, wie die Stärke des extrapolaren Stroms sich 1. mit der Stärke des polarisierenden Stroms und 2. mit der Entfernung zwischen dem zu- und ableitenden Elektrodenpaar ändert.

1. Der Nerv ruht auf zwei Elektrodenpaaren *pp'* und *ee'*, wie auf Fig. 44. Ein polarisierender Strom von 0,1 Volt erzeugt einen elektrotonischen Ausschlag von 1,5; hat der polarisierende Strom 0,2 resp. 0,3 Volt, so beträgt der Ausschlag 3 resp. 4,5. Woraus hervorgeht (was vielleicht noch besser durch die Kurve auf Fig. 48 veranschaulicht wird), daß die Stärke des bei *ee'* abgeleiteten extrapolaren Stroms sich im direkten Verhältnis zur Stärke des bei *pp'* zugeleiteten Stroms ändert. Dies stimmt überein mit der Anschauung, daß der extrapolare Strom eine elektrolytische Wirkung ist und mit dem Umstande, daß die Elektrolyse sich im Verhältnis zur Stromdichte ändert.

Der zweite Versuch betrifft die Wirkung des Abstandes zwischen den zu- und ableitenden Elektroden.

2. Der Nerv ruht auf sechs Elektroden; 1 und 2 sollen durchweg Elektroden des polarisierenden Stromes bleiben, der einen konstanten Wert von ungefähr 1,5 Volt hat; der extrapolare Strom soll erst durch 5 und 6, dann durch 5 und 4, endlich durch 4 und 3 abgeleitet werden, d. h. die Entfernung zwischen dem

zu- und ableitenden Elektrodenpaar soll der Reihe nach 3, 2 und 1 cm betragen.

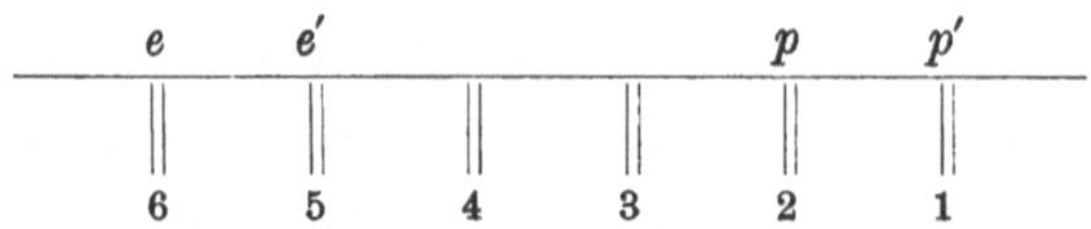

Wir beginnen mit *ee'* bei 6 und 5 und leiten den polarisierenden Strom durch 1 und 2; der elektrotonische Ausschlag ist gerade sichtbar und beträgt etwa 5 cm. Hierauf machen wir eine zweite Probe mit *ee'* bei 5 und 4; der Ausschlag ist jetzt größer und beträgt etwa 30 cm. Bei einem dritten Versuch mit *ee'* bei 4 und 3 ist der Ausschlag so groß, daß er über die Skala hinausfährt und nur gemessen werden könnte, wenn man den Galvanometer kurz schlösse.

Aus diesen Angaben, und noch deutlicher aus folgender Tabelle wird man ersehen, daß die Stärke eines elektrotonischen Stroms mit der Zunahme der Entfernung zwischen dem zu- und ableitenden Elektrodenpaar sehr rasch abnimmt. Hierin besteht in der That der einzige greifbare Unterschied zwischen einem eigentlich elektrotonischen Strom und einer negativen Schwankung; die letztere ist unabhängig von der Entfernung zwischen dem zu- und ableitenden Elektrodenpaar. Beide sind zweifellos Polarisationswirkungen, die erstere einer beständigen, die letztere einer unbeständigen oder vorübergehenden Polarisation, die sich als Welle längs des zusammengesetzten Elektrolyten fort-

Abstand zwischen den zuleitenden Elektroden = 1 cm.
Abstand zwischen den ableitenden Elektroden = 1 cm.
Polarisierender Strom aus einem LECLANCHÉ-Element (= 1,4 bis 1,5 Volt).

Länge der Nervenstrecke zwischen dem zu- und ableitenden Elektrodenpaar	Anelektrotonus	Katelektrotonus	(Negative Schwankung beim Tetanisieren)
3 cm	+ 1,5 mm	− 0,5	(− 3,5 mm)
2 „	+ 7,5 „	− 2,5	(− 4,0 „)
1 „	+ 120,0 „	− 90,0	(− 4,0 „)

pflanzt;[1] vorläufig brauchen wir uns jedoch nicht weiter mit dieser ziemlich verwickelten Frage zu beschäftigen, deren Behandlung ich mir für eine spätere Gelegenheit vorbehalte.

Vielmehr möchte ich noch einige bekannte Thatsachen anführen, die in das Gebiet der Polarisationserscheinungen gehören — Thatsachen, für welche ich zunächst noch keine Erklärung zu geben vermag, die aber offenbar auf irgend eine Art mit dieser ungelösten Frage zusammenhängen.

Die eine, welche zuerst durch v. FLEISCHL beobachtet wurde, führt seit längerer Zeit in der physiologischen Litteratur ein unfruchtbares Dasein. Die andere ist eigentlich eine kleine Gruppe von Thatsachen, deren paradoxes Wesen mich schon seit zehn

[1] BORUTTAU hat die Übereinstimmung zwischen den Erscheinungen am Nerven und am Kernleitermodell zur Vollkommenheit gebracht, indem er nachwies, daß bei ersterem sowohl wie bei letzterem durch einen einzigen Induktionsschlag, gleichviel in welcher Richtung er stattfindet, eine diphasische negative Welle erregt wird.

Jahren angezogen hat. Doch habe ich mich niemals entschließen können, darauf aufmerksam zu machen und thue es auch jetzt nur höchst ungern. Es sind Bruchstücke, die offenbar etwas bedeuten. Was sie aber bedeuten, weiß ich nicht, kann es nicht einmal vermuten.

Ich lasse hier den v. FLEISCHL'schen Versuch folgen.

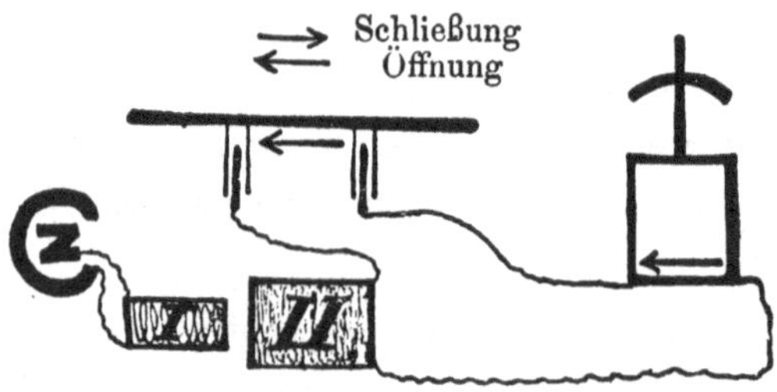

Fig. 49.

Nerv, Galvanometer und sekundäre Rolle befinden sich im Stromkreis. Nachdem der Nerv durch Kurzschluß ausgeschaltet worden ist, wird die Richtung der beim Schließen und Öffnen in der sekundären Rolle und im Galvanometer induzierten Ströme ausprobiert. Beim Schließen findet der Ausschlag nach rechts, beim Öffnen nach links statt. Die Ausschläge sind einander gleich und entgegengesetzt, so daß, wenn ein rasch wechselnder Strom durch den Galvanometer geschickt wird, kein Ausschlag eintritt. Schaltet man nun den Nerven wieder ein, während der Wechselstrom fortbesteht, so findet ein Ausschlag nach links statt, d. h. in der Richtung des Öffnungsstroms.

Worauf beruht nun dieser Ausschlag? Ist er physikalisch oder physiologisch? Jedenfalls beruht er auf einen Polarisationsgegenstrom; vor einigen Jahren hätte ich erwidert, daß er physikalisch, nicht physiologisch sei und hätte zum Beweis den Versuch ganz ohne Nerven an einer Polarisationszelle wiederholt. Zu diesem Zweck hätte ich aber stärkere Ströme anwenden müssen und bei verschiedenen Elektrolyten wäre der Ausschlag bald in der Schließungs-, bald in der Öffnungsrichtung erfolgt. Jetzt aber erwidere ich, daß er physiologisch ist und erläutere diese Behauptung, indem ich den Nerven durch Eintauchen in heißes Wasser töte und nachweise, daß beim toten Nerven kein Ausschlag mehr erfolgt, wenn ich denselben Wechselstrom hindurchschicke. Der Lichtfleck des Galvanometers rührt sich nicht, selbst wenn die induzierten Ströme erheblich verstärkt werden; erst wenn man die Stromstärke aufs äußerste steigert, fängt der Fleck an, sich zu bewegen. Es ist dies eine physikalische Wirkung, die ich nicht verstehe, und daher auch nicht versuchen will, zu erklären. Aber sie läßt sich leicht von dem Ausschlag des lebenden Nerven unterscheiden.

Wenn wir nun zugeben, daß der Ausschlag in der Öffnungsrichtung „physiologisch“ ist, daß er beim lebenden Nerven eintritt und beim toten ausbleibt, und von der Polarisierbarkeit des lebenden Nerven abhängt, so sind wir damit ziemlich am Ende unserer Weisheit.

v. Fleischl giebt eine höchst komplizierte Erklärung, auf die ich hier nicht eingehen kann.[1] HERMANN hält ihn für ein polarisatorisches Inkrement.[2] Keine dieser Erklärungen befriedigt mich; dagegen halte ich es für wahrscheinlich, daß der v. FLEISCHL'sche Ausschlag dasjenige ist, was DU BOIS-REYMOND als „positive Polarisation“ bezeichnete, und was HERING und HERMANN später als nachanodischen Aktionsstrom erkannten.[3] Es sind fünf Ströme vorhanden, von denen nach obiger Anschauung nur der nachanodische Aktionsstrom in Gestalt eines Ausschlags in der Öffnungsrichtung sichtbar ist. Vorausgesetzt, daß Nerv und Galvanometerskala dem Beschauer die Vorderseite zukehren, und daß die Verbindungen so angeordnet sind,

---

[1] Über v. FLEISCHL's Versuch und seine Auslegung desselben siehe die „Wiener Sitzungsberichte“, 1878.

[2] HERMANN, Handbuch, Bd. II, S. 167.

[3] Es giebt noch eine vierte Möglichkeit; die Wirkung in der Öffnungsrichtung könnte darauf beruhen, daß der Polarisationsstrom nach der Schließung dem Polarisationsstrom nach der Öffnung überlegen wäre. Zwar bewirkt unter gewöhnlichen physikalischen Versuchsbedingungen der Öffnungsstrom eine stärkere Elektrolyse als der entsprechende Schließungsstrom, indessen konnte allenfalls die Polarisierbarkeit der lebenden Materie derart sein, daß der Schließungsstrom durch seine längere Dauer eine stärkere Elektrolyse hervorbrächte, als der kürzere Öffnungsstrom.

Die sogenannte „positive Polarisation“ oder der nachanodische Aktionsstrom, der in derselben Richtung stattfindet wie der Reizstrom, erklärt sich sehr einfach als Wirkung einer nachanodischen Zinkartigkeit. Er läßt sich leicht nachweisen. Sein theoretisches Gegenstück, der Strom, welcher beim Durchgange eines Reizstroms in entgegengesetzter Richtung stattfindet, erklärt sich ebenso einfach als Wirkung kathodischer Zinkartigkeit. Dieser läßt sich jedoch, soviel ich sehe, nicht direkt nachweisen.

daß die Ausschläge auf der Skala die Richtung der Ströme im Nerven anzeigen (man kann sich für den Augenblick die Skala als einen ungeheuren Nerv vorstellen) — so haben wir

1. den Schließungsstrom nach rechts + ——→ –
2. dessen Gegenstrom nach links ←——
3. den Öffnungsstrom nach links – ←——• +
4. dessen Gegenstrom nach rechts ——→
5. v. FLEISCHL's Strom nach links ←——

Dieser letztere ist der nachanodische Aktionsstrom von Nr. 3, dem einzigen Strom, der erregt, und der auf der Seite „Zinkartigkeit" erzeugt, die durch das befiederte Pfeilende bezeichnet wird. Wäre diese nachanodische Zinkartigkeit nicht vorhanden, so würden sich die Ströme 1, 2, 3, 4 gegenseitig aufheben, oder wenn sie differierten, müßte der Ausschlag nach rechts stattfinden, indem 4 stärker sein würde als 2.

Ich bedaure, mich so lange bei diesem scheinbar unbedeutenden und zweifelhaften Punkt aufhalten zu müssen, aber ich möchte doch in kurzen Worten den Gedankengang wiedergeben, durch den ich darauf hingewiesen wurde. Wie wir gesehen haben, ist der Schließungsstrom kathodisch (S. 84), das gereizte Gewebe zinkartig (S. 90); ferner, da die induzierten Schließungs- und Öffnungsschläge gleiche Strommenge, aber ungleiche Spannung haben, so reizen sie verschieden stark, während sie sich im Galvanometer aufheben. Ich schloß nun, daß, wenn sich Nerv und Galvanometer in demselben Stromkreis befänden, möglicherweise ein Ausschlag in der Schließungsrichtung erfolgen könnte, der von einem der Öffnung entgegengesetzten Aktionsstrom herrühre. Thatsächlich erhielt ich gerade die umgekehrte Wirkung und bemerkte, daß ich v. FLEISCHL's Ausschlag in der Öffnungsrichtung hervorgerufen hatte. Meine Schlußfolgerung war offenbar fehlerhaft. Ich war von der zweifellos theoretisch richtigen Annahme ausgegangen, daß jeder Reizstrom einen Aktionsstrom von der Art eines Polarisationsstroms erregen müsse, und suchte dies am Nerven nachzuweisen. Es gelang mir nicht, teils weil der Erregungszustand im Nerven nicht örtlich beschränkt ist, sondern sich schnell ausbreitet, teils wegen des damals noch unbekannten nachanodischen Aktionsstroms, der im Gegenteil ein dauerhafter und lokalisierter Zustand zu sein scheint. Daß beim Durchgang eines Reizstroms ein entgegengesetzter Aktionsstrom eintritt, war und ist noch nicht direkt bewiesen; dennoch war und ist dies vom theoretischen Standpunkt aus ein ziemlich wichtiger Punkt, und ich gedenke so bald wie möglich dahin zielende Versuche an langsamer reagierenden Geweben zu machen. Was inzwischen den Nerven betrifft, so kommt das polarisatorische Inkrement, mit dem wir uns weiter unten beschäftigen werden, einem direkten Nachweis am nächsten; dasselbe ist nach meiner Ansicht die negative Schwankung eines latenten Aktionsstroms, der dem polarisierenden Strom entgegenläuft. Einen zweiten indirekten Beweis liefern die abterminalen und adterminalen, oder abmortalen und admortalen Wirkungen von ENGELMANN und HERMANN, wie ich in einer späteren Vorlesung auseinandersetzen werde.

Ich komme nun zu einer andern merkwürdigen und rätselhaften Thatsache, die ich mir kaum zu erklären weiß.

Statt eines Froschnerven befindet sich der Nerv einer jungen Katze auf den beiden Elektrodenpaaren *pp' ee'* (Fig. 44, S. 108); dieser Nerv ist dicker als der Froschnerv, so daß unser Probeausschlag bei 0,001 Volt

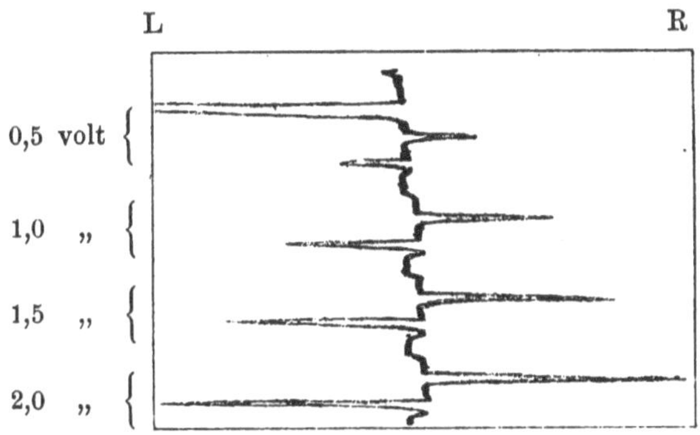

Fig. 50 (2383). Extrapolare (= „elektrotonische") Ströme des Katzennerven, hervorgerufen durch polarisierende Ströme von zunehmender Stärke (0,5 bis 2,0 Volt). (Der Probeausschlag bei 0,001 Volt, der hier nicht mit abgebildet ist, hatte einen Wert von 40 mm, so daß die anelektrotonischen und katelektrotonischen Ströme bei 2 Volt eine elektrotonische Kraft von ungefähr 0,0007 Volt haben.)

ziemlich groß ausfällt, doch das nebenher. Der Verletzungsstrom zeigt keine ungewöhnlichen Erscheinungen. Wenn ich nun auf die übliche Weise nach der negativen Schwankung suche, so finde ich keine, obgleich der Widerstand im Stromkreis des Reizstroms und Galvanometers gering ist und obgleich ich die Reizung verstärke. Es ist dies kein Ausnahmefall; niemals habe ich einen echten Aktionsstrom am isolierten

Säugetiernerven wahrgenommen, selbst wenn dieser wenige Minuten nach dem Tode des Tieres auf die Elektroden gebracht wurde, während der Froschnerv unter ähnlichen Bedingungen noch Stunden und Tage nach seiner Entfernung aus dem Körper den Aktionsstrom aufweist. Der Gegensatz ist frappant und steht in gar keinem Verhältnis zu der größeren Zähigkeit der Kaltblüter im Vergleich zu den Warmblütern.

Wenden wir uns den extrapolaren oder elektrotonischen Wirkungen zu, die, wie wir eben gesehen haben, der deutlichste Beweis für die elektrolytische Polarisation im Nerven sind, so stehen wir ebenfalls paradoxen Resultaten gegenüber. Wir erhalten nämlich extrapolare Ströme, die sowohl auf der Anodenseite als auf der Kathodenseite gleich und entgegengesetzt sind, statt wie beim Froschnerven auf der Anodenseite stärker zu sein. Auf Stromschleifen, an die man natürlich zunächst denken wird, beruhen diese Erscheinungen nicht, denn sie bleiben aus, wenn man den Nerven zwischen den zu- und ableitenden Elektroden quetscht, oder wenn man die Nervenenden, welche auf den zu- und ableitenden Elektroden ruhen, in heißes Wasser taucht. Sie gehören also in das Gebiet der physiologischen Erscheinungen, und demnach wollen wir an ihnen die Wirkung anästhetischer Dämpfe erproben, die, wie man sich erinnern wird, die extrapolaren Ströme des Froschnerven merklich verändern. Das Ergebnis ist überraschend und nichts weniger als befriedigend; die bekanntesten Anästhetika, Äther, Chloroform, Kohlensäure üben nicht die mindeste Wirkung auf die extrapolaren Erscheinungen aus.

Und hier müssen wir zunächst stehen bleiben, wenigstens was den isolierten Säugetiernerven anbelangt. Keine negative Schwankung; gleiche extrapolare Wirkungen auf Anoden- und Kathodenseite, deren Wesen der einen Probe nach physiologisch, der andern Probe nach nicht physiologisch ist: kurz, eine höchst unbefriedigende Position, aus der ein Ausweg gefunden werden muß, wenn auch zunächst noch keiner in Sicht ist. In Anbetracht dieser verwickelten Umstände wird man es wenigstens begreiflich finden, daß ich es vorzog, hauptsächlich mit solchen Nerven zu experimentieren, die klar bejahten und verneinten, während ich mich weniger mit solchen Nerven beschäftigt habe, die überhaupt keine deutliche Antwort geben. Und vielleicht werden in diesem Zusammhange die negativen Ergebnisse am Säugetiernerven dazu beitragen, die positiven Ergebnisse am Froschnerven in helleres Licht zu setzen.[1]

[1] In Bezug auf die negativen Resultate am Säugetiernerven ist noch zu bemerken, daß obige Angaben nur auf das entgegengesetzte Verhalten herauspräparierter Säugetiernerven und Froschnerven beim Versuch Anwendung finden. Sie sind keineswegs als absolute Thatsachen zu betrachten. Die negative Schwankung läßt sich unter günstigen Bedingungen auch am Säugetiernerven nachweisen und Boruttau teilt mir mit, daß es ihm gelungen ist, an diesem Nerven mit Kohlensäure und anästhetischen Mitteln ähnliche Wirkungen zu erzielen, wie die von mir am Froschnerven beobachteten.

Litteratur.

Elektrotonische Ströme, entdeckt und benannt von DU BOIS-REYMOND 1843 („*Thierische Elektricität*", Bd. II, S. 289); als Polarisationswirkungen erklärt von HERMANN („PFLÜGER's *Archiv*" V, S. 264; VI., S. 312; VII., S. 301; 1872/73; Übersicht in „HERMANN's *Handbuch*", Bd. II, S. 174).

„Positive Polarisation", zuerst erwähnt von DU BOIS-REYMOND in der „*Thierischen Elektricität*", Bd. I, S. 240; ausführlicher beschrieben im „*Archiv f. Anat. und Phys.*" 1884. *Phys. Abtlg.* S. 1; als nachanodische Aktionsströme erklärt von HERING in den „*Wiener Sitzungsberichten*", 1883, S. 445, und von HERMANN in „PFLÜGER's *Archiv*", Bd. XXXIII, S. 103, 1884.

VON FLEISCHL's Versuch beschrieben in den „*Wiener Sitzungsberichten*", 1878; von HERMANN als polarisatorisches Inkrement aufgefaßt („*Handbuch*" Bd. II, S. 167).

Äther, als Mittel, um „physikalischen" und „physiologischen" Elektrotonus zu unterscheiden, von BIEDERMANN beschrieben in den „*Wiener Sitzungsberichten*", 1888, S. 84; und in seiner „*Elektrophysiologie*" S. 693, Jena, 1895.

Sechste Vorlesung.

Elektrotonus (Fortsetzung).

Wirkung von Säuren und Alkalien. Wirkung von Kohlensäure und Tetanus. Wirkung von Temperaturveränderungen. Aktionsstrom des polarisierten Nerven. BERNSTEIN'sches elektrotonisches Dekrement. HERMANN's polarisatorisches Inkrement.

Die Wirkung von Säuren und Alkalien. Wir wollen nun wieder zu demjenigen Nerven zurückkehren, welcher die systematische Ausführung vergleichender Versuche gestattet und unsere Aufmerksamkeit einigen Experimenten zuwenden, die sich sofort darbieten, wenn man zugiebt, daß die extrapolaren Ströme durch elektrolytische Polarisation bewirkt werden.

Betrachtet man die Reihe von Wirkungen, die auf Fig. 47 S. 116 abgebildet und zusammengestellt sind, so liegt die Frage nahe, welche Wirkungen werden Säuren und Alkalien auf den Elektrotonus und Katelektrotonus ausüben?

Aus jeder größeren Anzahl von Versuchskurven, bei denen der Anelektrotonus und Katelektrotonus vor und nach der Behandlung mit schwachen Säuren

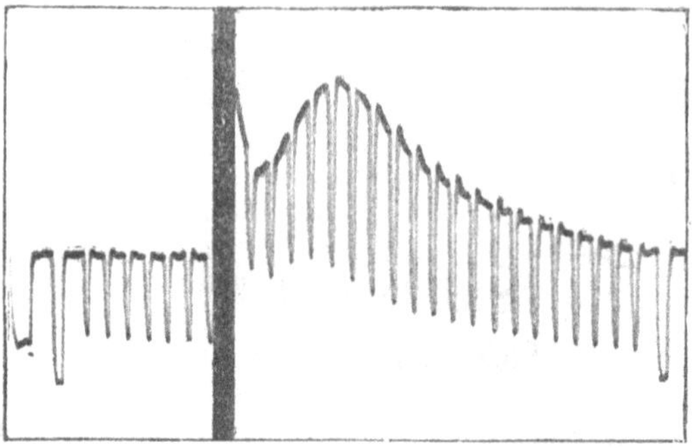

Fig. 51. Wirkung von Kohlensäure auf den Katelektrotonus.
Primäre Verstärkung.

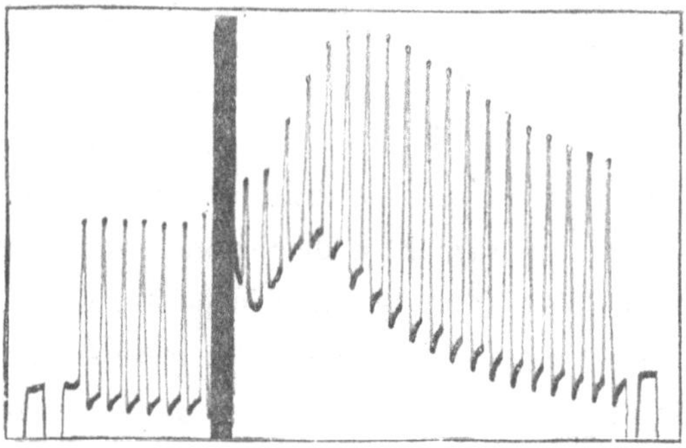

Fig. 52. Wirkung von Kohlensäure auf den Anelektrotonus.
Primäre Verminderung, sekundäre Verstärkung.

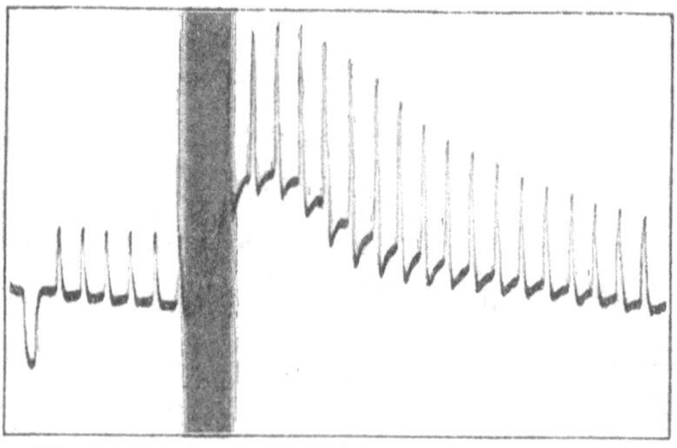

Fig. 53. Wirkung von Kohlensäure auf den Anelektrotonus.
Primäre Verstärkung.

oder Alkalien aufgenommen worden ist, ergeben sich folgende Resultate:

1. Die ausgeprägteste und deutlichste Veränderung besteht darin, daß der Katelektrotonus durch schwache Säuren verstärkt, durch schwache Alkalien vermindert wird.

2. Der Anelektrotonus wird durch schwache Säuren gewöhnlich vermindert, manchmal aber auch verstärkt.

3. Der Anelektrotonus wird durch Alkalien nur sehr wenig beeinflußt.

Diese Ergebnisse scheinen weder unter einander besonders zusammenzustimmen, noch durch irgend ein leicht erkennbares Gesetz beherrscht zu werden. Dies beruht wohl darauf, daß saure und alkalische Reagentien überhaupt nur innerhalb ziemlich enger Grenzen Veränderungen hervorbringen, die man als charakteristisch für Säuren oder Alkalien bezeichnen kann. Dennoch dürfen wir schon jetzt als charakteristisch hervorheben, daß der Katelektrotonus durch Säuren verstärkt und durch Alkalien vermindert wird; es sei hinzugefügt, daß die Verstärkung des Anelektrotonus stets durch schwächere Säuren bewirkt wurde als seine Verminderung.

Wir kommen einen entschiedenen Schritt vorwärts, wenn wir Versuchskurven vergleichen, bei denen sowohl Anelektrotonus als Katelektrotonus an demselben Nerven vor und nach seiner Behandlung mit Säuren oder Alkalien beobachtet worden sind. Innerhalb gewisser Grenzen beeinflussen diese Reagentien die beiden Erscheinungen in entgegengesetzten Richtungen, oder, wenn man will, in derselben Richtung aber verschieden stark, sodaß das Größenverhältnis zwischen ihnen verändert wird. Es wird zweckmäßig sein, dieses Verhältnis durch eine bestimmte Formel auszudrücken. Eine solche Formel ergiebt sich naturgemäß aus der Zahl, welche den Werth der Größe des Anelektrotonus bezeichnet, geteilt durch den Wert der Größe des Katelektrotonus; und wir werden das Verhältnis in Zukunft durch den Quotienten A/K ausdrücken.

Wenn wir nun die Versuchskurven untersuchen, bei denen sowohl Anelektrotonus als Katelektrotonus verändert worden sind, so können wir sagen, daß die charakteristische Wirkung von Säuren in einer Verminderung des Quotienten A/K und die charakteristische Wirkung von Alkalien in einer Vermehrung desselben besteht.

Wir können ferner sagen, daß Säuren erst die anodische, dann die kathodische Polarisation verändern, und zwar, daß sie dieselbe erst verstärken, dann vermindern. Die Reihenfolge dieser Wirkungen ist folgende:

1. Erste Wirkung: Verstärkter Anelektrotonus.
2. Typische Wirkung: Verminderter Anelektrotonus. Verstärkter Katelektrotonus.
3. Letzte Wirkung: Verminderter Katelektrotonus.

Die erste Wirkung wird leicht übersehen, selbst bei schwachen Säuren, wie Kohlensäure. Die zweite Wirkung erhält man nicht immer ganz rein; man findet häufig eine starke Verminderung des Anelektrotonus und eine verhältnismäßig geringere Verminderung des Katelektrotonus; d. h. eine absolute Verminderung des Quotienten A/K.

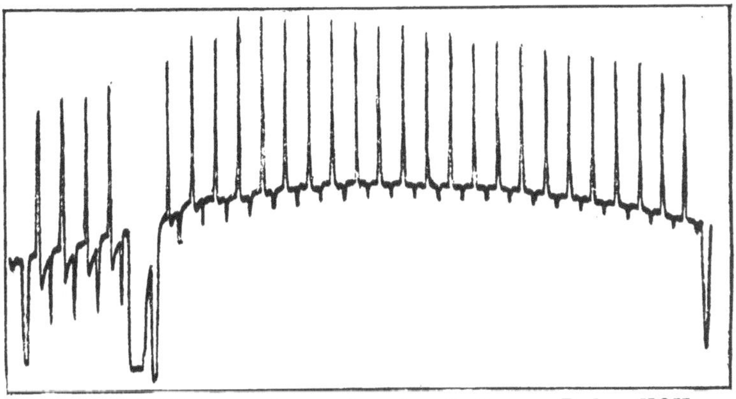

Fig. 54. Wirkung eines schwach alkalischen Bades (KOH, $^1/_{20}$ Normallösung oder 0,285 Proz.) auf Anelektrotonus und Katelektrotonus.

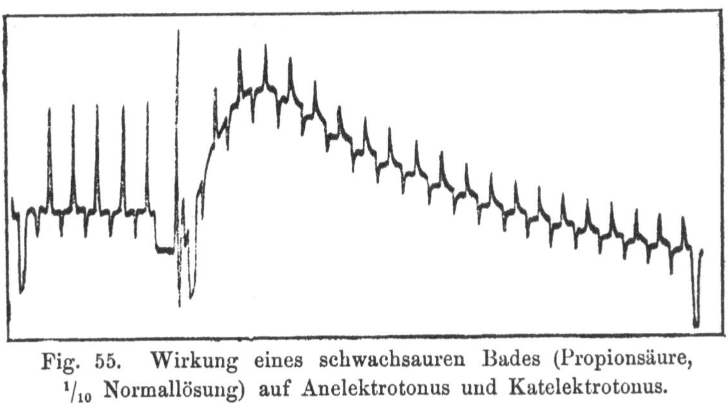

Fig. 55. Wirkung eines schwachsauren Bades (Propionsäure, $^1/_{10}$ Normallösung) auf Anelektrotonus und Katelektrotonus.

Trocken wie diese Thatsachen sind, kann ich doch nicht umhin, sie anzuführen, um zu erklären, welche Gründe mich zu dem Schlusse geführt haben, daß die charakteristische Wirkung von Säuren in einer Verminderung des Quotienten A/K und die charakteristische Wirkung von Alkalien in einer Vermehrung desselben besteht.

Die Wirkung von Kohlensäure und Tetanus. — Wie man sich aus einer früheren Vorlesung erinnern wird, wurde der Nerv durch Tetanisieren genau ebenso verändert, wie durch Kohlensäure und wir schlossen daraus, daß Tetanus zur Entstehung von Kohlensäure innerhalb des Nerven führt.

Nachdem wir nun gesehen haben, daß die Ströme Anelektrotonus und Katelektrotonus durch Äther und Chloroform verändert werden, liegt es nahe, auch die Wirkung von Kohlensäure, sowie die Wirkung anhaltender Tetanisierung an ihnen zu erproben.

Beide Wirkungen sind höchst charakteristisch. Sie lassen sich am besten durch eine Reihe typischer Versuche veranschaulichen. Ich bringe zu diesem Zwecke vier solcher Versuche, bei denen die Wirkung von Kohlensäure und Tetanisieren auf anodische Ströme erprobt wurde. Beide Mittel bewirken entweder eine Vermehrung oder eine Verminderung dieser Ströme.

Betrachtet man aber eine größere Anzahl von Versuchskurven, so zeigt sich, daß bei Kohlensäure der Anelektrotonus in der Regel vermindert und nur ausnahmsweise vermehrt wird; während beim Tetanisieren zwar gewöhnlich eine Verminderung eintritt, aber die Vermehrung des Anelektrotonus doch häufig genug erfolgt, um dieselbe nicht als Ausnahme erscheinen zu lassen.

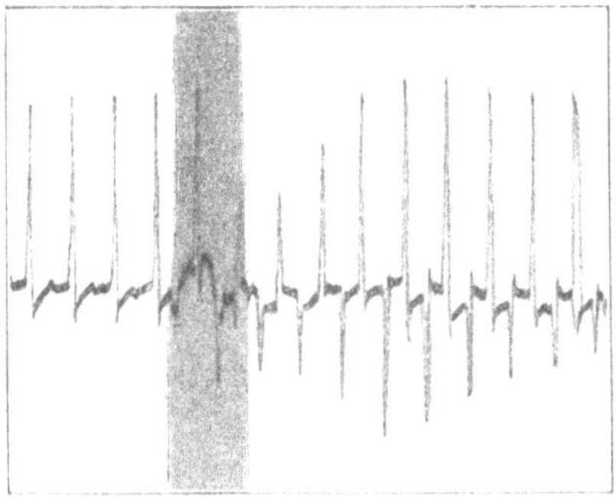

Fig. 56. Wirkung von Kohlensäure auf Anelektrotonus und Katelektrotonus.

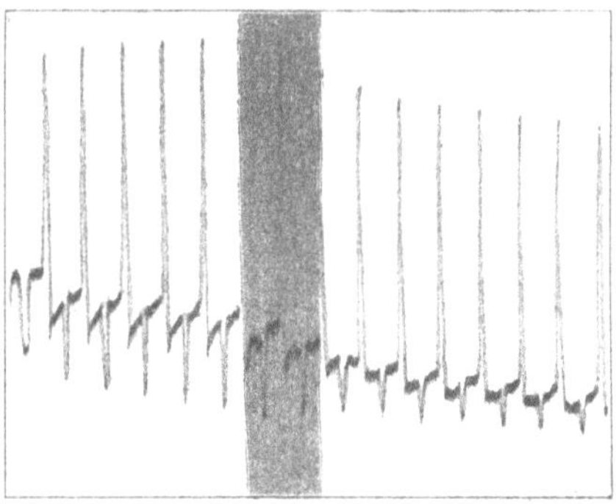

Fig. 57. Wirkung von Ammoniakdampf auf Anelektrotonus und Katelektrotonus.

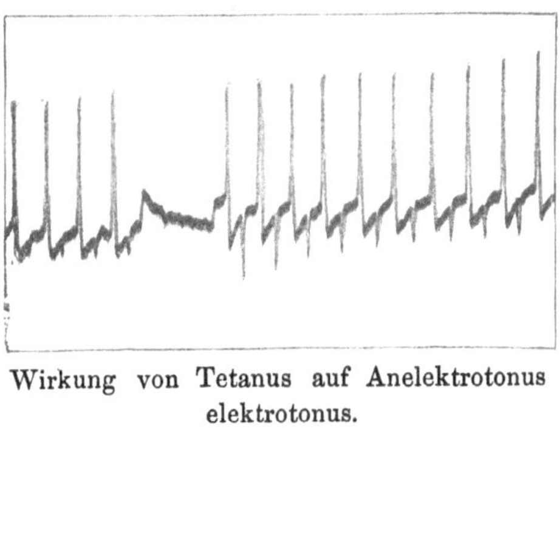

Fig 58. **Wirkung von Tetanus auf Anelektrotonus und Katelektrotonus.**

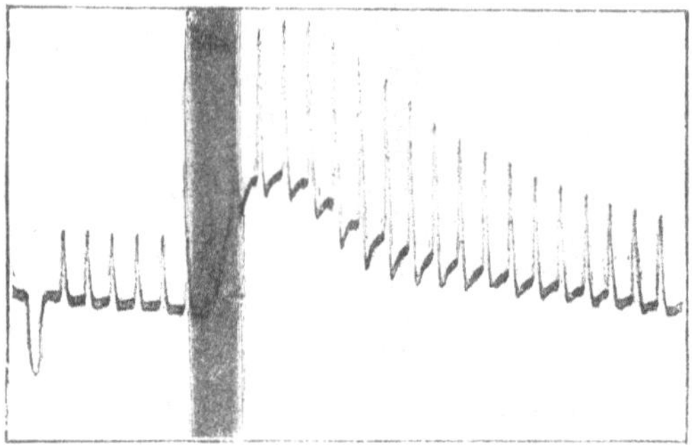

Fig. 59. Wirkung von Kohlensäure auf den Anelektrotonus. (Primäre Verstärkung.)

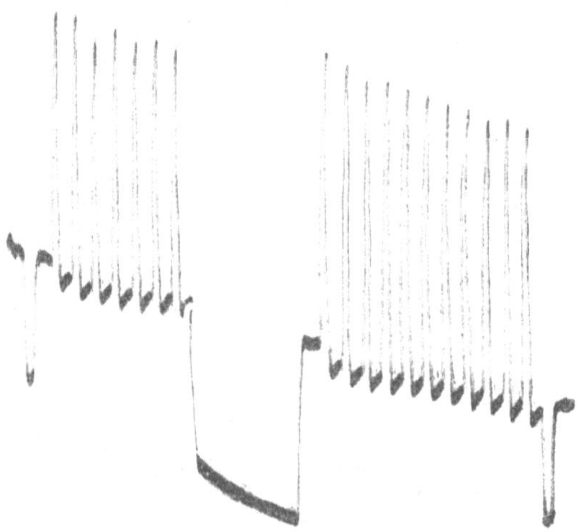

Fig. 60. Wirkung von Tetanus auf den Anelektrotonus. (Verstärkung.)

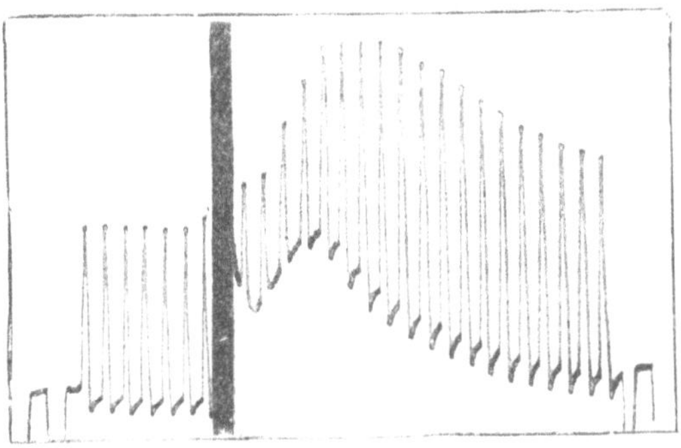

Fig. 61. Wirkung von Kohlensäure auf den Anelektrotonus. (Primäre Verminderung, sekundäre Verstärkung.)

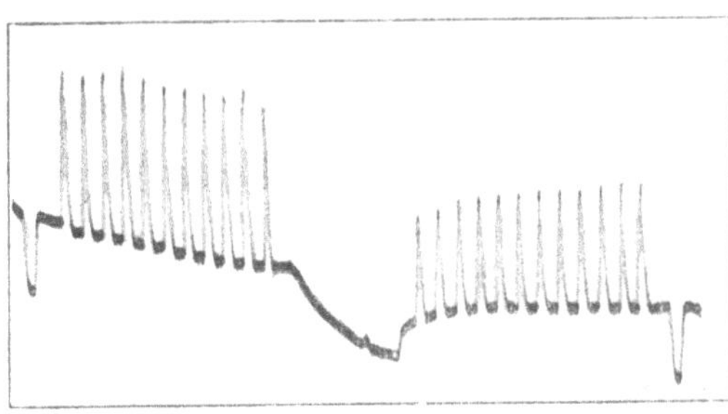

Fig. 62. Wirkung von Tetanus auf den Anelektrotonus. (Verminderung.)

Wir dürfen diese Ergebnisse wohl als weiteren Beweis ansehen, daß Tetanus zur Entstehung von Kohlensäure führt; vermehrter Anelektrotonus ist eine schwächere Wirkung als verminderter; es wäre daher nicht überraschend, wenn die schwächere Wirkung beim Tetanisieren häufiger einträte, als bei einem reichlichen Zusatz von Kohlensäure.

Aber mag dies als Beweis gelten oder nicht — der Punkt ist meiner Ansicht nach im 3. Kapitel erschöpfend erwiesen — jedenfalls zeigen die Versuche deutlich, daß die elektromotorische Leistungsfähigkeit des Nerven durch Kohlensäure und durch fortgesetztes Tetanisieren verändert wird.

Die Veränderungen des Katelektrotonus durch Kohlensäure sind regelmäßiger als die des Anelektrotonus. Der erstere scheint weniger empfindlich zu sein. Bei sämtlichen Versuchen, die ich bisher gemacht habe, wurde der Katelektrotonus durch Kohlensäure und Tetanisieren verstärkt. Zur Erläuterung dienen Figg. 57 und 58, auf denen Anelektrotonus und Katelektrotonus abwechselnd hervorgerufen wurden. In beiden Fällen wurde der Katelektrotonus durch Kohlensäure und durch Tetanisieren sichtlich verstärkt; aber der Anelektrotonus, der auf Fig. 57 durch Kohlensäure vermindert wurde, zeigt auf Fig. 58 infolge Tetanisirens keine merkliche Veränderung. Wahrscheinlich halten sich in diesen letzterem Falle zufällig Verstärkung und Verminderung das Gleichgewicht.

Die Wirkung von Temperaturveränderungen. Es ist sehr leicht, die Wirkung erhöhter oder verminderter Temperaturen auf die extrapolaren Ströme zu beobachten und die Ergebnisse sind — bei Temperaturerhöhungen wenigstens — äußerst gleichmäßig und charakteristisch. Die feuchte Kammer wird einfach in ein Gefäß gestellt, das in Eis und Salz gepackt ist, oder allmählig durch eine Spiritusflamme erwärmt wird, und alsdann werden auf gewöhnliche Weise fortdauernd Aufnahmen gemacht. Ich will Ihre Geduld nicht auf die Probe stellen, indem ich einen derartigen

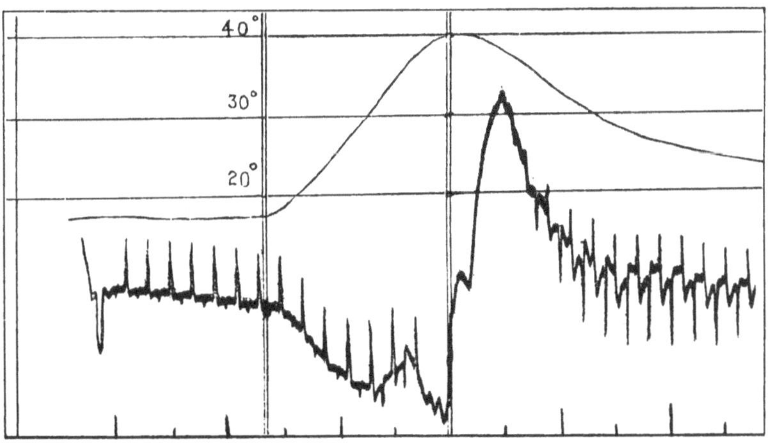

Fig. 63. Einwirkung der Temperaturerhöhung auf Anelektrotonus und Katelektrotonus.

Versuch hier wiederhole; er hätte nur Wert, wenn die Temperatur langsam, d. h. um einen Grad in der Minute durch eine Stufenleiter von 20 Grad, erhöht oder vermindert würde. Überdies giebt die photographierte Kurve eine bessere Übersicht als der Versuch selbst und ist, wenn auch weniger interessant, jedenfalls zuverlässiger. Fig. 63 zeigt eine solche Kurve, bei der Anelektrotonus und Katelektrotonus abwechselnd in Abständen von 1 Minute aufgenommen wurden, während die Temperatur allmählich von 18° auf 40° stieg und dann wieder sank. Diese Kurve, deren Verlauf typisch ist, läßt zwei Hauptmomente erkennen. Erstens erlöschen die extrapolaren Ströme bei etwa 40° ziemlich plötzlich fast ganz, in manchen Fällen ganz, ein Zeichen ihrer physiologischen Herkunft; zweitens nimmt infolge der Temperaturerhöhung der Anelektrotonus ab und der Katelektrotonus zu. Dieser letzte Punkt ist meiner Ansicht nach höchst charakteristisch und bemerkenswert. Denn wenn wir auf die beiden letzten Versuchsgruppen zurückblicken, welche die Wirkung von Säurebildung und Tetanus erläutern, so sehen wir, daß diese drei Agentien — Säure, Wärme und Thätigkeit — die wahrscheinlich eine chemische Zersetzung lebender Materien herbeiführen, sämtlich eine Vermehrung der kathodischen Polarisierbarkeit bewirken.

Man beachte bei dieser Kurve, daß ein Irrtum infolge von Widerstandsveränderungen ausgeschlossen ist. Dieser Punkt ist mittels anderer Versuche, auf die ich hier nicht einzugehen brauche, sorgfältig untersucht worden. Aber in dem vorliegenden Fall tritt bei erhöhter Temperatur (40°), mithin bei erhöhtem Leitungsvermögen eine Verminderung der Ströme ein, und die Vermehrung des Katelektrotonus erfolgt bei sinkender Temperatur, gleichzeitig mit einer Verminderung des Anelektrotonus. Vergleicht man das Verhältnis zwischen Anelektrotonus und Katelektrotonus vor und nach der Temperaturerhöhung, so ergiebt sich eine sehr merkliche Verminderung des Quotienten A/K; ebenso wie infolge von Säurebildung und Tetanisieren.

Das elektrotonische Dekrement. Das polarisatorische Inkrement. — Zwei andere Hauptversuche, deren möglichst klare Ausführung und Erläuterung mir am Herzen liegt, bringen diese vorläufige Übersicht über die wichtigsten elektromotorischen Reaktionserscheinungen am Nerven zum Abschluß.

Der erste Versuch zeigt, daß der Elektrotonus, ebenso wie der Verletzungsstrom während der Reizung vermindert wird, d. h. eine negative Schwankung erleidet (Bernstein). Dies gilt von beiden Stromrichtungen, dem Anelektrotonus sowohl wie dem Katelektrotonus.

Wir wollen mit dem Anelektrotonus beginnen. Die Anordnung ist, wie auf Fig. 64 ersichtlich, eine derartige, daß der erregende nnd der polarisierende Stromkreis miteinander vereinigt sind; beide Ströme gehen also durch dasselbe Elektrodenpaar zum Nerven.

Jetzt schließe ich den polarisierenden Strom und erzeuge dadurch einen anodischen extrapolaren Strom nach rechts im Nerven und Galvanometer; sobald der Ausschlag zur Ruhe gekommen ist, reize ich den Nerven und während der Reizung bewegt sich der Lichtfleck nach links, wodurch gezeigt wird, daß eine Verminderung des extrapolaren anodischen Stromes eingetreten ist.

Wie lassen sich diese Thatsachen am besten erklären? Wir wollen sie zunächst mittels der üblichen Vorzeichen + und —, positiv und negativ, ausdrücken.

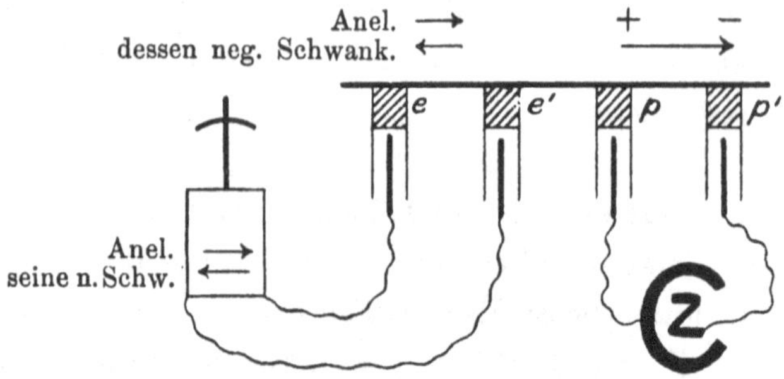

Fig. 64. Der extrapolare Strom geht im Nerven von *e* nach *e'*. *e* ist (im Vergleich zu *e'*) zinkartiger und weniger zinkfähig. *e'* ist (im Vergleich zu *e*) weniger zinkartig und zinkfähiger. Während der Reizung ist die Zinkartigkeit an dem zinkfähigeren Punkt *e'* stärker, als an dem weniger zinkfähigen Punkt *e* und es besteht ein Gegenstrom im Nerven von *e'* nach *e*.

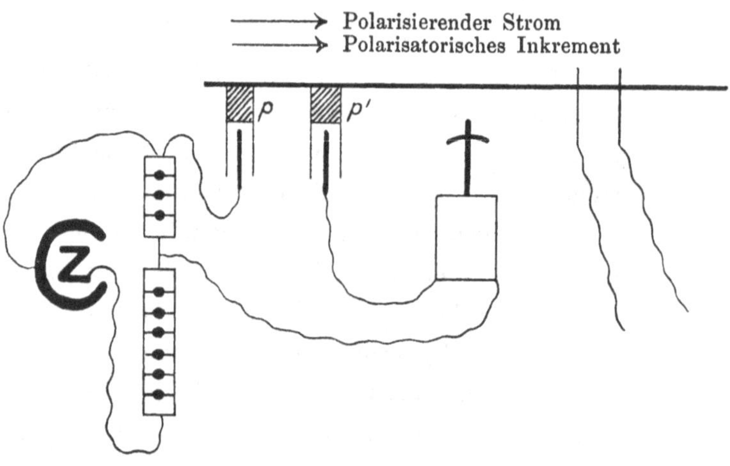

Fig. 65. Der polarisierende Strom geht im Nerven von *p* nach *p'*; *p* ist (im Vergleich zu *p'*) zinkfähiger; während der Reizung wird *p* zinkartiger als *p'* und es entsteht ein zweiter Strom im Nerven von *p* nach *p'*.

Während der Polarisation ist p' —, p +; e' ist weniger +; e am wenigsten +. Im Verhältnis zu einander sind e' + und e —. Man trage nun diese Vorzeichen bei e' und e und auf Fig. 65 ein und verfolge die Richtung des Stroms. Wahrscheinlich wird man zuerst glauben, daß er von e' nach e geht, während gerade das Umgekehrte der Fall ist. Erst nach einigem Nachdenken wird man sich klar machen, daß für den extrapolaren Strom e' die Kathode vom Nerven und e die Anode zum Nerven ist und wird demzufolge das Vorzeichen bei e in + und bei e' in — abändern. Verfolgt man von diesem Punkt ab die Veränderung, welche während der Reizung eintritt, so wird man keinen Fehler machen, gleichviel ob man die + und — Spannung bei e und e' oder den entsprechenden + und — Pol am Galvanometer ins Auge faßt. Nichtsdestoweniger kommen häufig Irrtümer vor und man muß sehr auf der Hut sein, damit es klar hervortritt, daß die Reizung negativ zum Elektrotonus wirken muß, und daß sowohl die negative anodische als die positive kathodische Schwankung eigentlich Aktionsströme sind, welche durch die größere Zinkartigkeit der zinkfähigeren Elektrode erzeugt werden, der nämlich, die der polarisierenden Anode am nächsten und der polarisierenden Kathode am fernsten ist.

Unser zweiter Versuch zeigt, daß ein polarisierender Strom während der Reizung verstärkt wird (Hermann).

Die Anordnung der Verbindungen ist auf Fig. 67 ersichtlich. Sie wirkt vielleicht etwas übersichtlicher, als wenn der polarisierende Strom, der Galvanometer und

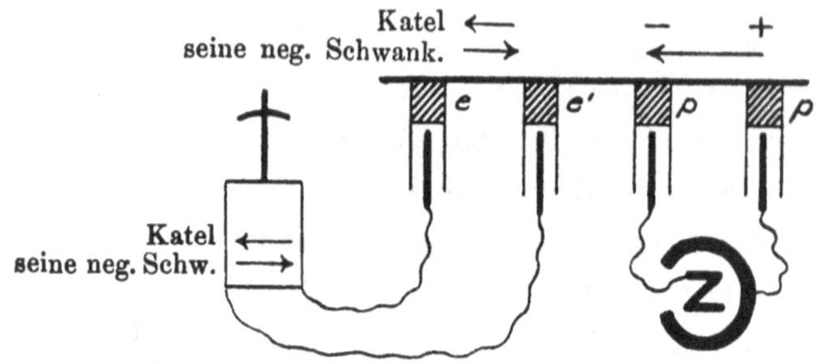

Fig. 66. Der extrapolare Strom geht im Nerven von *e'* nach *e*; *e* ist (im Vergleich zu *e'*) weniger zinkartig und zinkfähiger; *e'* ist (im Vergleich zu *e*) zinkartiger und weniger zinkfähig. Während der Reizung ist die Zinkartigkeit an dem zinkfähigeren Punkt *e* stärker, als an dem weniger zinkfähigen Punkt *e'* und es besteht ein Gegenstrom im Nerven von *e'* nach *e*.

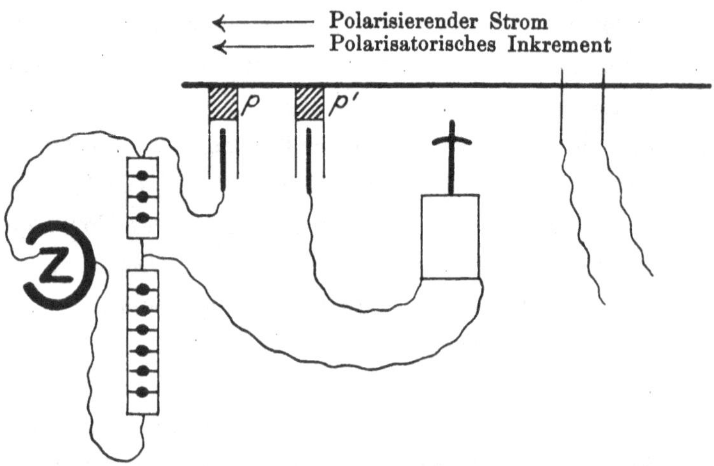

Fig. 67. Der polarisierende Strom geht im Nerven von *p'* nach *p*; *p'* ist (im Vergleich zu *p*) zinkfähiger; während der Reizung wird *p'* zinkartiger als *p* und es entsteht ein zweiter Strom im Nerven von *p'* nach *p*.

die Sekundärrolle alle in einen Stromkreis eingeschaltet und nur durch ein einziges Elektrodenpaar mit dem Nerven verbunden sind. (Durch Anwendung der Widerstandskästen *r R* in gleicher Weise wie auf Fig. 10 und 11 S. 34 und 42 können wir uns eine geeignete Stromstärke (0,1 bis 0,5 Volt) verschaffen.)

Ich benutze ein Leclanché-Element und Widerstände von 1000 und 14000 Ohm, um eine Stromstärke von ungefähr 0,1 Volt zu erhalten. Dann schließe ich den Schlüssel im polarisierenden Stromkreis, der im Nerven von rechts nach links oder von *p'* nach *p* Strom giebt. Der Lichtfleck schlägt nach rechts über die Skala hinaus. Ich bringe ihn durch eine ziemlich starke Bewegung des kompensierenden Magneten auf die Skala zurück und nachdem er zur Ruhe gekommen ist, reize ich den Nerven durch einen Induktionsstrom. Der Ausschlag während der Reizung ist nach rechts; d. h. der polarisierende Strom wird vermehrt.

Dieses Ergebnis hätte man voraussagen können, auch wenn man den Versuch nie gesehen hätte. Der Nerv ist bei *p* anodisch, zinkfähig und giebt während der Reizung einen Strom von *p* nach *p'*; d. h. in der Richtung des polarisierenden Stroms. Man kann dies auch vermittelst der Vorzeichen + und – ausdrücken, aber nicht mit derselben Deutlichkeit. Wenn Hermann sagt, daß die Reizwelle in der anodischen Strecke des Nerven anschwillt und in der kathodischen Strecke zusammenschmilzt, so faßt er einfach dieselben Thatsachen in andere Worte und macht keinen Versuch, sie näher zu erklären. Viele Forscher werden es nicht ganz leicht finden, PFLÜGER's kathodische Zunahme der Erregbarkeit mit einer kathodischen Aufhebung des Leitungsvermögens in Einklang zu bringen. Erinnert man sich indessen der Verhältnisse auf Fig. 36 und bedenkt man, daß Übertragung der Thätigkeit dasselbe bedeutet wie Übertragung der „Zinkartigkeit" und daß ein kathodischer oder zinkartiger Punkt weniger zinkfähig ist, so wird man einsehen, daß die Leitung durch einen kathodischen und bereits zinkartigen Punkt eher aufgehoben werden kann, als durch einen anodischen noch zinkfähigen.

Um diese Thatsache festzulegen, wollen wir die beiden Versuche mit umgekehrtem polarisierenden Strom wiederholen.

Bei dem ersten Versuch (elektrotonisches Dekrement) ist *p* kathodisch; der elektrotonische Ausschlag (Katelektrotonus) ist von rechts nach links; während der Polarisation ist der Nerv bei *e* weniger kathodisch als bei *e'*, d. h. bei *e* weniger zinkartig, aber zinkfähiger und während der Reizung geht der Strom im Nerven von *e* nach *e'*, d. h. der Elektrotonus ist vermindert.

Der zweite Versuch (polarisatorisches Inkrement) bleibt sich offenbar gleich, welche Richtung man auch wählt; allenfalls wäre er etwas leichter ausführbar, in der Richtung von rechts nach links, d. h. mit der Anode zu den Reizelektroden, als von links nach rechts mit der Kathode zu den Reizelektroden.

Ich wiederhole denselben Versuch (polarisatorisches Inkrement) mit einem etwas anders angeordneten Stromkreis. Der polarisierende Strom, der Galvanometer, die sekundäre Rolle und der Nerv befinden sich in einem

Stromkreis. Der Nerv empfängt den polarisierenden und den Reizstrom und sendet seine elektrischen Reaktionen durch ein und dasselbe unpolarisierbares Elektrodenpaar.

Vor allen Dingen hat man festzustellen, daß kein oder fast kein Strom von den Elektroden oder von der Nervenstrecke zwischen den Elektroden ausgeht. Wäre der Nerv zufällig in der Nähe einer der beiden Elektroden verletzt, so würde ein Verletzungsstrom und bei darauffolgender Reizung eine negative Schwankung desselben eintreten, die zu Irrtümern Anlaß geben könnte.

Nun hat man den rotierenden Schlüssel in Bewegung zu setzen und darauf zu achten, daß die Induktionsschläge, die in rascher Folge durch den Nerven und den Galvanometer- hin und herpulsieren, von sich aus keinen Ausschlag erzeugen. Sind die Induktionsströme zu stark, so wird man beirrt durch einen Rückstoß am Anfang und Ende jeder Reizungsserie, der von dem ersten Schließungs- und letzten Öffnungsschlag der Reizströme herrührt, sowie durch eine permanente Ablenkung in der Richtung des Öffnungsstroms, von der oben die Rede war (S. 120).

Nachdem diese beiden Fehlerquellen beseitigt sind, kann der eigentliche Versuch beginnen.

Ich schließe den polarisierenden Stromkreis; der Lichtfleck schlägt nach rechts aus, ich bringe ihn mittels des kompensierenden Magneten auf die Skala zurück und sobald er zur Ruhe gekommen ist, reize ich den Nerven. Es erfolgt ein Ausschlag nach rechts, d. h. ein Inkrement des polarisierenden Stroms.

Wiederholt man den Versuch mit umgekehrtem

polarisierenden Strom, so vollzieht sich der ganze Vorgang in umgekehrter Richtung, d. h. der polarisierende Strom ist nach links und die Reizschwankung ebenfalls.

Verfolgt man das polarisatorische Inkrement in dieser Form ins Einzelne, so erkennt man, daß in beiden Fällen der anodische Teil des Nerven oder die Eintrittsstelle des Stroms, als der zinkfähigere Punkt, während des hinzutretenden Reizzustandes zinkartiger wird. Auf diese Weise entsteht ein „Aktionsstrom" in der Richtung des polarisierenden Stroms.

So kann man durch verschiedenartige Anordnung des Stromkreises die Zahl der verschiedenen Wirkungen leicht erweitern. Man könnte z. B. die Dekremente des Anelektrotonus und Katelektrotonus aufnehmen, während die Rolle in dem elektrotonischen und Galvanometerstromkreis, statt in dem polarisierenden Stromkreis eingeschaltet ist. Oder man könnte zu unserem zweiten typischen Versuch, der negativen Schwankung des Nervenstroms (s. erste Vorlesung S. 10), zurückkehren und den zu- und ableitenden Stromkreis mit einander verbinden.

Solche Versuche werden stets das erwartete Ergebnis liefern. Wo immer ein Strom von einer Elektrode ausgehend in einen Nerven eintritt, ist der Nerv anodisch und zinkfähig; wo der Strom aus dem Nerven austritt, ist er kathodisch und zinkartig, (d. h. weniger zinkfähig oder nicht zinkfähig); gleichviel ob der Strom ein polarisierender ist, der zum Nerven geleitet wird, oder ein elektrotonischer Strom oder ein Verletzungsstrom, der vom Nerven ausgeht.

Indessen scheint mir die Gefahr, durch derartige Komplikationen verwirrt zu werden, größer, als der Vorteil, über eine ausgedehntere Reihe von Thatsachen zu verfügen und sogar als der praktische Gewinn, bei gewissen Fällen kurze Strecken lebenden Gewebes vermittelst eines einzigen Elektrodenpaares prüfen zu können.

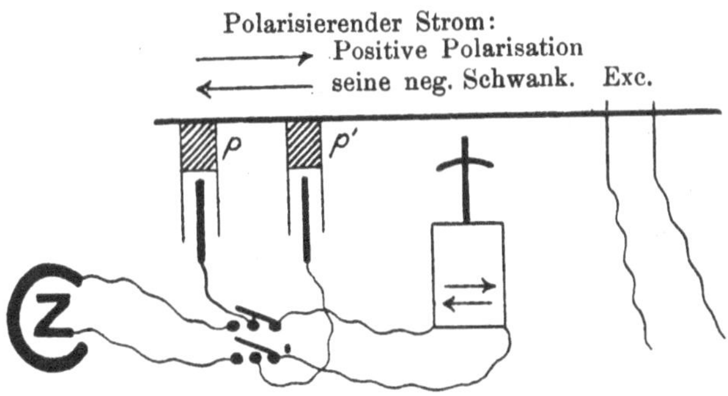

Fig. 68. Während ein polarisierender Strom von p nach p' geht, ist p die Anode. Nach seinem Durchgange ist p zinkartig und erzeugt die „positive Polarisation" oder den „nachanodischen Strom" im Nerven, von p nach p'. Der nachkathodische Punkt p' ist der zinkfähigere und wird während der Reizung bei Exc. zinkartig (im Vergleich zu p), wobei er einen Strom von p' nach p erzeugt.

Hat man übrigens einmal das Grundprinzip erfaßt, so bereitet seine Anwendung keine weiteren Schwierigkeiten; die obigen Andeutungen werden genügt haben; eine ausführlichere Beschreibung wäre überflüssig und würde nur ermüden.

Ein Aktionsstrom beruht unter allen Umständen, gleichviel ob er als negative Schwankung eines Verletzungsstroms, als positive Schwankung eines polarisierenden Stroms, als negative Schwankung eines elektrotonischen Stroms oder als negative Schwankung eines vorhergehenden Aktionsstroms erregt wird, auf einer physiologischen (= physikalisch-chemischen) Ungleichheit zwischen zwei Punkten. Thätiges Gewebe ist „zinkartig", ruhendes Gewebe ist „zinkfähig."

Anmerkung. Es giebt noch einen „Nervenstrom", der in obige Aufzählung aufgenommen werden müßte, nämlich der „positive Polarisationsstrom" von du Bois-Reymond, oder der „nachanodische Aktionsstrom" von Hering und Hermann, der in der fünften Vorlesung erwähnt wurde. Das Wesen und die Beschaffenheit seiner negativen Schwankung während der Reizung werden durch das vorstehende Schema (Fig. 68) hinreichend erklärt.

Litteratur.

Das elektrotonische Dekrement wurde zuerst beschrieben von Bernstein in Reichert und du Bois-Reymond's *Archiv*, 1866, S. 614.

Das polarisatorische Inkrement wurde zuerst beschrieben von Hermann in Pflüger's *Archiv*, Bd. VI, S. 560, 1872, und ausführlicher erklärt ebenda, Bd. VII, S. 349, 1873.

(Vorher war es bereits von Grünhagen bemerkt, aber einer Verminderung des Widerstandes zugeschrieben worden [*Zeitschrift für rationelle Medizin* 1869]).

Über Versuche, welche die Wirkung anästhetischer Mittel und anderer Reagentien auf elektrotonische Dekremente und polarisatorische Inkremente veranschaulichen, siehe *Croonian Lecture* für 1896. (*Phil. Trans. R. S.*, 1897).

Druck von Metzger & Wittig in Leipzig.

MIX
Papier | Fördert
gute Waldnutzung
FSC® C083411

Zeitfracht Medien GmbH
Ferdinand-Jühlke-Straße 7
99095 Erfurt, Deutschland
produktsicherheit@kolibri360.de